文化景观展示与国际传播系列丛书

U0157623

乡村公共空间优化

——基于"社会－空间"一体的西安周边乡村研究

魏 萍 著

中国建筑工业出版社

图书在版编目（CIP）数据

乡村公共空间优化：基于"社会–空间"一体的西安周边乡村研究 / 魏萍著. —北京：中国建筑工业出版社，2023.4

（文化景观展示与国际传播系列丛书）

ISBN 978-7-112-28529-7

Ⅰ.①乡…　Ⅱ.①魏…　Ⅲ.①乡村规划—建筑设计—最优设计—研究—西安　Ⅳ.① TU982.294.11

中国国家版本馆 CIP 数据核字（2023）第 048315 号

责任编辑：张幼平　费海玲
责任校对：王　烨

文化景观展示与国际传播系列丛书

乡村公共空间优化
——基于"社会–空间"一体的西安周边乡村研究
魏　萍　著

*

中国建筑工业出版社出版、发行（北京海淀三里河路 9 号）

各地新华书店、建筑书店经销

北京建筑工业印刷厂制版

建工社（河北）印刷有限公司印刷

*

开本：787 毫米 × 1092 毫米　1/16　印张：$13\frac{1}{4}$　字数：244 千字

2023 年 5 月第一版　　2023 年 5 月第一次印刷

定价：**58.00** 元

ISBN 978-7-112-28529-7

（40868）

版权所有　翻印必究

如有印装质量问题，可寄本社图书出版中心退换

（邮政编码 100037）

目 录

1 绪论 ·· 001

1.1 研究背景 ··· 001

1.1.1 乡村振兴战略下的乡村建设发展 ························· 001

1.1.2 城市周边乡村公共空间建设发展面临的困惑 ········· 002

1.2 问题提出 ··· 003

1.2.1 现实问题：乡村公共空间离散化现象严重 ············· 003

1.2.2 学科问题：如何基于"社会－空间"一体优化乡村公共空间 ······· 005

1.3 相关概念研究 ·· 006

1.3.1 城市周边乡村 ··· 006

1.3.2 乡村公共空间 ··· 007

1.4 研究现状 ··· 011

1.4.1 社会学领域乡村公共空间研究 ····························· 011

1.4.2 城乡规划学与建筑学领域乡村公共空间研究 ········· 014

1.4.3 风景园林学领域乡村公共空间研究 ······················ 017

1.4.4 综合述评 ··· 019

1.5 研究视角与研究对象的确定 ·· 020

1.5.1 研究视角的确定 ··· 020

1.5.2 研究对象的确定 ··· 021

2 相关基础理论及技术框架 ·· 024

2.1 社会空间统一体理论 ·· 024

2.1.1 理论内涵 ··· 024

2.1.2 理论运用 ··· 025

2.2 空间生产理论 026
2.2.1 理论内涵 026
2.2.2 理论运用 028

2.3 扎根理论 028
2.3.1 理论内涵 028
2.3.2 理论运用 030

2.4 环境心理学 030
2.4.1 理论内涵 030
2.4.2 理论运用 032

2.5 总体技术框架 033

3 西安周边乡村公共空间演变研究 035

3.1 西安周边乡村概况 036

3.2 西安周边乡村公共空间演变分析 038
3.2.1 演变视角：乡村社会结构 038
3.2.2 新中国成立前（1949年前）社会结构及其公共空间特征 039
3.2.3 计划时期（1949~1978年）社会结构及其公共空间特征 041
3.2.4 改革开放初期（1978~2005年）社会结构及其公共空间特征 044
3.2.5 新时期（2005年至今）社会结构及其公共空间特征 046

3.3 西安周边乡村公共空间演变规律分析及启示 049
3.3.1 乡村公共空间演变规律分析 049
3.3.2 相关启示 050

3.4 本章小结 051

4 乡村公共空间村民需求提取与分析研究 052

4.1 村民需求数据收集 053
4.1.1 样本选取 053
4.1.2 资料收集 054

4.2 村民需求数据分析 055
4.2.1 一级编码：开放式编码（Open Coding） 056
4.2.2 二级编码：主轴式编码（Axial Coding） 057

4.2.3　三级编码：选择式编码（Selective Coding）·······················058

4.2.4　理论饱和度检验·······················058

4.3　村民需求理论模型构建与描述·······················059

4.4　村民需求理论模型的验证及关联性分析·······················060

4.4.1　数据收集和结构方程模型构建·······················061

4.4.2　结构方程模型的验证性因子分析·······················065

4.5　村民需求提取与分析的结论·······················070

4.6　本章小结·······················071

5

乡村公共空间"社会－空间"相互作用机制分析研究··········072

5.1　乡村公共空间"社会域"与"空间域"的相互作用关系

·······················074

5.2　"空间为果"——基于空间生产理论的乡村公共空间

生产机制分析·······················075

5.2.1　空间实践：公共空间作为乡村建设和承载展示消费功能的

核心区域·······················076

5.2.2　空间表征：公共空间作为地方政府进行其构想塑造的重要场所····081

5.2.3　表征空间：公共空间作为村民"大内化"与"小抵制"

操纵的主要阵地·······················084

5.2.4　"空间为果"的分析结论·······················087

5.3　"空间为因"——乡村公共空间"空间域"对"社会域"的

反作用机制·······················088

5.3.1　公共空间整体形态及其对社会域的影响分析·······················089

5.3.2　公共空间构成要素及其对社会域的影响分析·······················093

5.3.3　"空间为因"的分析结论·······················107

5.4　本章小结·······················108

6

基于"社会－空间"一体的乡村公共空间优化策略研究·······110

6.1　优化的目标和基本原则·······················111

6.1.1　优化的目标——空间正义·······················111

6.1.2　优化的基本原则·······················113

6.2 乡村公共空间"社会域"的优化策略 ⋯⋯⋯⋯⋯⋯⋯⋯ 115

6.2.1 意识形态深层：认知提升，价值认同 ⋯⋯⋯⋯⋯⋯⋯ 115

6.2.2 社会规范中层：多方参与，内力重构 ⋯⋯⋯⋯⋯⋯⋯ 119

6.2.3 日常活动表层：科学引导，兼顾产业 ⋯⋯⋯⋯⋯⋯⋯ 128

6.3 乡村公共空间"空间域"的优化策略 ⋯⋯⋯⋯⋯⋯⋯⋯ 133

6.3.1 宏观层面：整体风貌延续＋空间"微循环" ⋯⋯⋯⋯⋯ 133

6.3.2 中观层面："点、线、面"系统关联 ⋯⋯⋯⋯⋯⋯⋯⋯ 136

6.3.3 微观层面：要素功能的整合与复合 ⋯⋯⋯⋯⋯⋯⋯⋯ 148

6.4 "社会－空间"一体优化策略运用总体原则与一般流程 ⋯⋯ 150

6.4.1 优化策略运用的总体原则 ⋯⋯⋯⋯⋯⋯⋯⋯⋯⋯⋯ 151

6.4.2 优化策略运用的一般流程 ⋯⋯⋯⋯⋯⋯⋯⋯⋯⋯⋯ 152

6.5 本章小结 ⋯⋯⋯⋯⋯⋯⋯⋯⋯⋯⋯⋯⋯⋯⋯⋯⋯⋯ 153

7 实证研究——车村公共空间"社会－空间"一体优化 ⋯⋯⋯⋯ 154

7.1 案例概况 ⋯⋯⋯⋯⋯⋯⋯⋯⋯⋯⋯⋯⋯⋯⋯⋯⋯⋯ 154

7.1.1 选取缘由 ⋯⋯⋯⋯⋯⋯⋯⋯⋯⋯⋯⋯⋯⋯⋯⋯⋯ 154

7.1.2 上位规划 ⋯⋯⋯⋯⋯⋯⋯⋯⋯⋯⋯⋯⋯⋯⋯⋯⋯ 155

7.1.3 公共空间相关现状 ⋯⋯⋯⋯⋯⋯⋯⋯⋯⋯⋯⋯⋯⋯ 156

7.2 车村公共空间"社会－空间"一体优化的总体解译 ⋯⋯⋯ 159

7.3 车村公共空间"社会域"优化策略 ⋯⋯⋯⋯⋯⋯⋯⋯⋯ 161

7.3.1 意识形态深层方面 ⋯⋯⋯⋯⋯⋯⋯⋯⋯⋯⋯⋯⋯⋯ 161

7.3.2 社会规范中层方面 ⋯⋯⋯⋯⋯⋯⋯⋯⋯⋯⋯⋯⋯⋯ 162

7.3.3 日常活动表层方面 ⋯⋯⋯⋯⋯⋯⋯⋯⋯⋯⋯⋯⋯⋯ 163

7.4 车村公共空间"空间域"优化策略 ⋯⋯⋯⋯⋯⋯⋯⋯⋯ 165

7.4.1 公共空间体系方面 ⋯⋯⋯⋯⋯⋯⋯⋯⋯⋯⋯⋯⋯⋯ 165

7.4.2 点状公共空间方面 ⋯⋯⋯⋯⋯⋯⋯⋯⋯⋯⋯⋯⋯⋯ 166

7.4.3 线状公共空间方面 ⋯⋯⋯⋯⋯⋯⋯⋯⋯⋯⋯⋯⋯⋯ 170

7.4.4 面状公共空间方面 ⋯⋯⋯⋯⋯⋯⋯⋯⋯⋯⋯⋯⋯⋯ 171

7.5 本章小结 ⋯⋯⋯⋯⋯⋯⋯⋯⋯⋯⋯⋯⋯⋯⋯⋯⋯⋯ 173

8 结论 ··· 174

附录Ⅰ 西安周边样本乡村公共空间"空间域"特征统计 ·············· 177

附录Ⅱ 西安周边样本乡村主要公共空间图示 ····························· 189

参考文献 ··· 191

后记 ··· 202

1 绪 论

空间既不可能是一种具有独立自我组织和演化自律的纯空间，也不可能是一种纯粹非空间属性社会生产关系的简单表达，空间结构和社会结构具有同源性，社会和空间之间存在辩证统一的交互作用和相互依存关系[1]。

对于乡村公共空间来说，亦是如此。因此，需要从"社会域"和"空间域"两个方面出发，来深入剖析乡村公共空间的优化问题。

1.1 研究背景

1.1.1 乡村振兴战略下的乡村建设发展

中国是一个农耕文明发源的大国，乡村的发展是中国各项事业建设的稳定器和蓄水池，也是整个中国稳定健康发展的关键因素之一。然而，在城乡二元结构下，严峻的"三农"问题，已经成为我国建设社会主义现代化道路上的突出难题。为此，中共中央于20世纪80年代连续五年发布以"三农"为主题的一号文件，强调解决"三农"问题的重要性，明确推动相关农业农村改革。2004年以来，中央又连续下发18个"一号文件"全部聚焦农业农村问题，提出实实在在的政策措施，主题从"取消农业税，建设社会主义新农村""以工促农、以城带乡，促进农民持续增收""推进农业现代化和农业供给侧改革"到"乡村振兴，全面建成小康社会"[2]，对解决农业农村问题全面系统且步步深入，显示了中央对乡村建设的重视程度。

尤其是在党的十九大报告中，明确提出了要实施乡村振兴战略，并将其作为指导解决当前"三农"问题的总抓手。该战略本质上是对"社会主义新农村""美丽乡村"等一系列战略的延伸和深化[3]，其二十字总方针"产业兴旺、生态宜居、乡风文明、治理有效、生活富裕"指明了乡村未来发展的基本方向，旨在要求坚持农业农村优先，全方位促进乡村可持续发展。可以看出，乡村振兴是包括政治、经济、文化、社会、生态等各个维度的乡村系统性全面发展振兴[4]。

在各种旨在解决"三农"问题的战略推动下，全国各行各业都在积极响应，乡村建设如火如荼地展开，乡村面貌得到极大改善，乡村各项基础设施得到明显提升，村民生活质量也得到了不同程度的提高。与此同时，国家城市化快速推进，城市与乡村之间的人口、产业、资金等核心要素流动频繁[5]，乡村社会发生巨变，乡村传统的小农经济被打破，村民原有的生产生活方式被迫改变，使得乡村出现诸多社会问题，如社会结构"瓦解"、传统文化"异化"、乡村管理机制"退化"、村民"离土"、聚落"空巢化"、儿童"留守"、老人"独居"等[6-7]。当前的乡村振兴战略为乡村发展提供了新的发展机遇，也给乡村带来更多的可能性，如何在关注乡村物质空间改善更新的基础上，深刻把握当代乡村建设规律和城乡关系变化新特征，协调解决"城市化"带来的诸多乡村社会问题，从而真正意义上实现乡村的全方位振兴，是该领域研究人员面临的新挑战和新任务，亟待思考和解决。

1.1.2 城市周边乡村公共空间建设发展面临的困惑

城市周边乡村[8-9]，位于城市向腹地乡村的过渡区域，由于其得天独厚的区位、交通和产业优势，再加上国家对于城市周边乡村建设与发展的特定偏好，加速了这类乡村的快速发展，使得这些乡村的社会与经济演化激烈，乡村面貌与产业转型迅速。而公共空间作为整个乡村空间最为核心的部分，为村民的日常生活和文化活动提供重要场所，是乡村地域文化与精神的重要载体，同时反映了乡村的价值取向和发展追求[10]。对于城市周边乡村公共空间的建设，一直以来都是全国各地乡村建设的核心内容，也是能够集中展示乡村整体建设成果的重要窗口。在城市周边乡村政治、经济、文化、社会等方面发生深刻变化的过程中，其公共空间在建设风貌、形态特征、建造技术等方面都迎来极大发展。

然而，作为城乡利益冲突集中的关键场所和城乡特性协调争夺的核心竞技场，城市周边乡村公共空间外貌和内涵也出现诸多问题，既有"建设性破坏""传统景观渐衰""同质化严重"等空间问题，也有"地域认同感差""传统文化异化""社会活力渐失"等社会问题[11-12]。因此，城市周边乡村公共空间的建设发展需要正确方向的引导和科学方法的指导，改善当前急功近利的观念，避免今后建设中出现与乡村内在社会组织结构、社会生活特点和村民生产需求等相脱节的现象。在这样的背景下，亟需深入分析城市周边乡村公共空间转型的现有特征，结合当代村民对于乡村公共空间的真实需求，重点探究乡村公共空间转型的内在作用机制，并针对性设计乡村公共空间的优化提升策略，这对于促进城市周边乡村公共空间的健康有序发展具有重要而深远的意义。

1.2　问题提出

1.2.1　现实问题：乡村公共空间离散化现象严重

当前城市周边乡村公共空间离散化现象严重，主要体现在以下 3 个方面：

1. 乡村公共空间的发展与村民生产生活的转型需求不一致

一方面，各种乡村建设政策引导下城市周边乡村公共空间建设遍地开花，文化广场、健身场所、大礼堂等大量新建，这些本质上更多是乡村建设决策者意志的体现，很多都具有形象工程、面子工程的成分，而在村民日常的生产生活中，这些乡村公共空间的实际使用率并不高，这样造成乡村中新建公共空间资源存在不同程度的浪费，如图 1.1 所示；另一方面，时代的发展使得现代村民生产生活方式发生改变，如：家庭汽车拥有量快速增长、品牌特色农副产品的规模经营、现代娱乐活动（如广场舞）等，如图 1.2 所示，而与这些生产生活方式转变相适应的乡村公共空间未得到有效发展，这在一定程度上导致了乡村公共空间发展与村民生产生活转型需求不一致。这个问题本质上是统筹建设下的公共空间营建逐渐偏离传统公共空间的发展模式，建设者强有力的控制使得村民在建设中的主体地位缺失，使得乡村公共空间的供需关系存在一定程度的不匹配。

2. 乡村公共空间的演变与地域文化的传承发展相割裂

乡村公共空间作为村民社会交往的重要场所，承载和延续着乡村地域文化，同时也反映了乡村生活的价值取向与发展追求。一方面，在当前公共空间建设过程中，其景观形态趋向现代化和城市化，现代特色的文化广场、笔直且水泥硬化的车行道、城市化立面形式和装饰材料等（图1.3），并且很多乡村公共空间建设沿用同一套图纸的风格，造成同质化严重，毫无地域特色可言，使得公共空间风格与当地自然环境和传统乡村风貌极不协调；另一方面，乡村公共空间建设过程中盲目追求效率，且存在"旧不如新"的认识偏差，普遍追求"弃旧求新"，再加上村民对传统文化自我保护意识缺乏，使得乡村公共空间原有的自然景观特色以及原生态的人文景观在建设过程中受到不同程度的破坏，造成不可挽回的地域文化损失，使得乡村公共空间传统断裂、文脉突变和历史记忆消逝。这个问题从一定程度上反映了相对完整的城市规划理论、建设材料、工艺技术等支撑体系，并没有完全转译适应乡村公共空间的演变，导致整体空间体现的文化形态呈现出一定程度的无序与混乱。

图1.1　新建公共空间的废弃现象

图1.2　乡村道路被村民和游客占满

图1.3　公共空间毫无地域特色

3. 乡村公共空间的营建与自然生态的延续保护相矛盾

我国山水文化由来已久，很多乡村依山傍水而建，形态与山水相融，其公共空间承载了村民的社会交往和公共活动，通过其自身日积月累的发展，无论是公共空间的宏观布局选址，还是公共空间的尺度、材质、色彩等微观景观要素，都逐渐形成了与当地自然生态环境相融的整体格局，也集中反映了生活在这片土地上的人们与自然和谐相处的智慧[13]。但随着人们改造自然能力的不断升级，建造技术和材料的革新使人与自然的关系由依附适应转化为强调征服与改造，而乡村公共空间发展中传统和谐共生的生态原则逐渐被破坏，当公共空间建设与自然发生冲突时，首先想到的不是退让而是"消除"，这种"人定胜天"的观念造成人对自然环境的单向索取，很多原有的农田、植被、水系等自然生态资源在建设中被占用或破坏，如图 1.4 所示。这个问题从一定程度上反映了乡村建设过程中并没有很好地规范空间发展与生态保护的关系、处理建设效率和环境问题的矛盾，使得公共空间营建在一定程度、一定范围内成为一种不可循环再生的发展局面。

图 1.4　侵占原有自然生态环境资源的新建公共空间

造成乡村公共空间在生产、生活、生态与文化方面现实问题的原因有很多，其中核心原因是乡村公共空间的优化提升过程更多是简单套用城市空间的营建手法，就空间域的营建技术谈营建，在优化提升过程中没有过多考虑乡村社会域要素对乡村公共空间的关联影响，重外部形式优化而轻内涵逻辑提升，从而造成乡村公共空间"空间域"与其关联的"社会域"两者之间的不相适应，导致乡村公共空间的功能与形式分离，出现离散化现象。

1.2.2　学科问题：如何基于"社会–空间"一体优化乡村公共空间

基于以上城市周边乡村公共空间现实问题的描述与分析，本书的学科问题为：风景园林学科视角下，如何基于"社会–空间"一体优化乡村公共空间，即如何使乡村公共空间的"空间域"形态与其相关联的"社会域"要素相耦合，使两者形成正向反馈的良性局面？

具体包含以下三个子问题：

1. 乡村公共空间"空间域"与"社会域"相耦合的目标状态是什么？

乡村公共空间的关联要素究竟需要达到什么样的目标状态，才能够使乡村公共空间"空间域"形态与"社会域"要素形成正向反馈的良性局面？如何通过有效的途径来提炼这些目标状态，以及如何通过科学的渠道来验证这些目标状态是否系统、正确？这是研究乡村公共空间优化方法需要明确的首要问题。

2. 乡村公共空间"空间域"形态与"社会域"要素是如何相互作用影响的？

乡村公共空间"空间域"形态与"社会域"要素是通过什么样的逻辑桥梁进行关联的？不同的乡村公共空间"社会域"要素是如何影响其"空间域"形态的？不同的乡村公共空间"空间域"形态是如何反作用其"社会域"要素的？这是针对性设计乡村公共空间优化策略需要解决的基础问题。

3. 乡村公共空间"空间域"与"社会域"相耦合的优化提升策略是什么？

基于乡村公共空间"空间域"形态与"社会域"要素的相互作用机制，针对提炼当前乡村公共空间核心的"社会域"问题和"空间域"问题，如何系统设计优化提升策略及其运用的整体原则，使得优化后的乡村公共空间"空间域"与"社会域"达到相耦合的局面，这是研究乡村公共空间优化方法需要解决的实质问题。

1.3 相关概念研究

1.3.1 城市周边乡村

乡村区别于城市，是聚居在一起的村民依托自然环境提供的资源，通过特定的社会活动塑造出具有当地特色的环境和景观风貌，与城市高度的人工建成环境相比，是人工建设痕迹相对较少的地方，其包含自然区域、生产区域和生活区域。

城市周边乡村是指地域上距离城市较近，在经济、文化、社会等各个领域受到城市发展扩张而影响显著的乡村。其与城市的工业世界有明显区分，城市周边乡村仍然以农业的自给自足或以农业与工业化城市进行物质交换为产业基础，其用地性质是农业用地与农村建设用地，具有绿色生态的自然环境，承载着源远流长的农耕文明；但是由于城市周边乡村地理位置、资源共享、交通条件等方面的突出优势，再加上当前互联网、物流、电子商务等技术在城市周边乡村的不断渗透运用，使得其在社会生活、产业经济、空间建设、文化心理等方面，事实上已经有别于一般乡村[14]，见表1.1。

城市周边乡村与一般乡村主要区别	表 1.1
区别体现的领域	领域的具体体现
社会生活方面	青壮年白天进城务工，晚上回村住宿；老人、小孩和妇女是乡村主体，村内缺乏生机
产业经济方面	由传统农业为主向多种产业模式混合的方向转变发展
空间建设方面	传统建筑稀少，建筑布局密度较高，存在同质性，存在违章搭建现象
文化心理方面	村民传统观念逐渐转变，多数传统文化习俗活动慢慢消失或淡化

具体区别体现如下：

1. 社会生活方面：城市周边乡村内部的居民以原住村民为主，乡村内部仍保留原有的"熟人社会"特征，但是在城乡一体化进程中，村内大多数青壮年白天外出入城务工，晚上回村住宿，老人、小孩和妇女是乡村日常生活人口的主体，村内相对缺乏生机和活力。

2. 产业经济方面：在城市发展的强影响下，城市周边乡村的产业经济模式逐渐由传统农业为主向多种产业模式混合的方向转变发展，利用青山绿水的生态优势和历史民俗的文化优势，原有的农业产业链延伸拓展，出现了相关的工业和服务业，如果蔬加工、生态旅游、农家餐饮、农庄民宿等。

3. 空间建设方面：相对于一般乡村，城市周边乡村新建建筑整体布局较为紧凑，密度较高，且多以砖混结构，1～2 层为主，少量 3 层，传统建筑几乎消失殆尽；另外，新建建筑总体空间设计存在一定程度的同质性，存在自发占位、违章搭建的现象。

4. 文化心理方面：受到城市文化的强辐射影响，城市周边乡村村民的传统观念逐渐转变，除了部分重大传统节庆当前仍旧保留，多数的传统文化习俗活动（如祭祀、节庆、庙会等）慢慢消失或淡化，只有村内部分老年人传统观念较深，保留着传统文化和道德习俗。

1.3.2 乡村公共空间

1.3.2.1 乡村公共空间概念

公共空间一词源于西方。德国著名社会学家、哲学家尤尔根·哈贝马斯（Jürgen Habermas）在《公共领域的结构转型》一书中提出："公共空间是公共领域的载体和外在表现形式，即各种自发的公众集会场所与机构的总称。"[15]该论述成为公共空间领域最经典的基础理论。公共空间研究是社会学、建筑学、经济学、心理学及地理学等多个学科的综合课题，其概念界定主要涉及两大领域：一是关注社会组织形态与人际交往形式的社会学领域（受哈贝马斯"公共领域"概念影响，该领域最早涉及公共空间研究），二是关注客观物质场所空间布局、形态、尺度等的城乡规划学、建筑学与风景园林学领域。

城市研究一直以来都是国内外研究的重点，关于公共空间概念及其相关研究的探讨，起初也一直围绕城市公共空间进行。近年来，尤其在国内随着国家对"三农"问题的关注和对乡村建设的重视，对公共空间概念及其相关研究逐渐扩展覆盖至乡村，也形成了一系列关于乡村公共空间概念的研究。现有关于乡村公共空间的概念界定，也主要涉及以上公共空间概念的两大领域。

在社会学领域，乡村公共空间被认为不只是一个实体空间，更是一种社会组织和社会活动的集合，侧重文化特征。其中，曹海林[16]关于乡村公共空间的概念最具代表性，他强调："社会内部业已存在着的一些具有某种公共性且以特定空间相对固定下来的社会关联形式和人际交往结构方式。"其认为乡村公共空间包括两个方面：一是乡村内人们可以自由进入并进行思想交流的公共场所，如寺庙、祠堂、集市等；二是乡村内普遍存在的一些制度化组织与制度化活动形式，如乡村企业组织、乡村文艺活动、红白喜事仪式等，在该概念界定中，乡村公共空间也涉及物质场域。王玲[17]认为乡村公共空间是介于村民家户及个体等私人空间与国家公共权力领域之间的一个概念，指出其不仅相对于私人领域，而且相对于公共权力领域，是指民间共有的部分。其强调乡村公共空间既是乡村社会内部的整合机制，又是国家控制和治理乡村的社会基础，其盛衰消长影响着乡村社会自身秩序的建构和国家对于乡村社会的整合。朱海龙[18]强调乡村公共空间不仅是一个具有边界的物质空间，而且也是一个能够体现特定文化属性的范畴。他指出乡村公共空间具有"公共领域"的某些精神要素，体现了乡村社会的公共价值和精神，也反映出村民的民主意识和多元化自觉精神。此外，还有很多人文社会领域关于乡村公共空间概念的论述[19-22]。

在城乡规划学、建筑学与风景园林学领域，对乡村公共空间的认识更加偏重于其实体的物质场域概念。其中，戴林琳等[23]认为是公众可以自由进入、进行日常交往和参与公共事务的公共场所的总称。麻欣瑶等[24]认为公共空间是指能够容纳人们的公共生活以及人与人之间交往的物质空间，并指出乡村公共空间作为村民交流活动发生的载体，直接关系着乡村生态环境的优劣和村民公共精神的丰富程度，体现了乡村的文化内涵和村民的生活质量。也有部分该领域的学者对乡村公共空间的概念界定涉及了社会和文化特征，如王东等[25]

认为乡村公共空间是指村民能够自由进出，对所有人开放，并展开公共活动的物质空间（室内与室外）载体，如大树、洗衣码头、祠堂等；同时还包括"非实体"要素，如公共舆论（报纸等）、社团（宗教等）、活动组织（红白喜事等）。此外，还有很多建筑规划领域关于乡村公共空间概念的论述[26-28]。

综上所述，无论是社会学领域还是城乡规划学、建筑学与风景园林学领域，对乡村公共空间的概念界定逐渐趋向统一，都逐渐强调其是由"空间"与"社会"两方面的要素构成。一是"空间域"的显性要素，主要涉及公共空间的尺度、形态、相关环境景观等要素；二是"社会域"的隐性要素，主要涉及公共空间背后的社会治理、规范制度、习俗活动、产业经济、文化精神等要素。

1.3.2.2 乡村公共空间分类

乡村公共空间类型划分的研究对于其优化重构具有重要意义，其备受不同学科背景学者（主要集中于国内学者，国外学者研究相对较少）的关注，提出了很多种不同的划分标准，每个划分标准都是对乡村公共空间某一属性的深度解析，是全面认识乡村公共空间相关属性的重要基础。与乡村公共空间概念研究相一致，乡村公共空间分类的划分标准也主要有两大类：第一大类是基于乡村公共空间自身的物质性特征，第二大类是基于乡村公共空间所体现的社会性特征。

其中，对于基于乡村公共空间自身的物质性特征这一大类，具体可从以下几个维度进行划分：从空间几何形态维度来看，乡村公共空间可划分为点状、线状和面状公共空间[24]。其中，点状公共空间主要包括村入口、村民服务中心、古树、古井、庙宇、戏台等小型节点空间或公共建筑；线状公共空间主要包括街巷和河流；面状公共空间主要包括广场、田地、池塘等。从空间开放程度维度看，乡村公共空间分为开放性和半开放性公共空间[23]。其中，开放性公共空间是指离乡村组团较远且相对开阔的场地，如田地、池塘、山林等；半开放性公共空间是指乡村组团内部公共场地以及村民约定俗成的公共娱乐场所，如祠堂、庙宇、村民服务中心等。从空间界面构成要素维度来看，乡村公共空间可划分为硬质和软质公共空间[29]。其中，硬质公共空间由建筑界面限定，具有一定的封闭性和围合性，如街巷、戏台、庙宇等；软质公共空间由自然介质界定，一般为开敞性空间，如古树、河流、田地等。

而对于乡村公共空间所体现的社会性特征，具体可从以下几个维度进行划分：从空间的社会型构动力维度来看，乡村公共空间可划分为行政嵌入型和村

1

绪

论

庄内生型公共空间。其中，行政嵌入型公共空间的型构动力主要来源于乡村外部的行政力量，也称为正式公共空间；村庄内生型公共空间型构动力主要来源于乡村内部的传统、习惯与现实需求，也称为非正式公共空间。从空间中人的行为活动维度来看，乡村公共空间可划分为积极、消极和半积极半消极的公共空间[30]。其中，积极乡村公共空间是指某一公共空间一直是村民进行公共性人际交往活动的场所，并且得到几乎所有村民的心理认同；消极乡村公共空间是指某一公共空间曾经是村民进行某种公共性人际交往活动的场所，由于某些原因当前村民在该场所的公共活动逐渐减少，但是该场所依然留存在村民记忆中；半积极半消极乡村公共空间是指某一公共空间在一定时间段内作为村民进行某种公共性人际交往活动的场所，而在其他时间段内该场所被挪作它用。从空间的社会功能维度来看，乡村公共空间可划分为生活型、生产型、信仰型和娱乐型公共空间[31]。其中，生活型公共空间是指村民日常生活的场所，如宅前空地、古树、水井等；生产型公共空间是指村民日常劳作的场所，如田地、晾麦场、菜地等；信仰型公共空间是指村民从事祖先崇拜、民间信仰和传统仪式的场所，如祠堂、庙宇、教堂等；娱乐型公共空间是指村民进行娱乐活动的场所，如健身广场、村委会广场、戏台等。根据空间的社会功能维度，乡村公共空间还可划分为生活型、组织型、休闲型、项目型和事件型公共空间[32]。

除了以上两大类，还有从空间存续时间维度，将乡村公共空间划分为固定性和暂时性公共空间的[33]。其中，固定性公共空间是指相对长时间内固定的社会组织形态与人际交往的结构方式作用下所形成的公共空间，如宗祠、桥头、宅前空地等；暂时性公共空间是指只存在于某段周期性时间内的公共空间（而周期之外并不被人们认同），如乡村每月逢九的集市、季节性的露天临时作坊等。从公共空间的用地权属及其在乡村演化中发挥的作用来看，乡村公共空间可划分为显性和隐性公共空间[34]。其中，显性公共空间一般是由政府、非营利组织或村集体投资，权属清晰，形态稳定，功能预设，用地类型明确，他组织特征较强，是乡村建设中可控部分的公共空间，如村民服务中心、健身广场、篮球场等；隐性公共空间是指在村民自建住房功能与形态自适应演化过程中，部分住宅空间参与到乡村的公共决策、公共生产、公共服务中来，这部分空间的公共性，与人的行为、使用以及具体的事件与活动相关，如民居改建的农家乐、民宿等。从乡村公共空间概念维度来看，乡村公共空间可划分为物态空间和意态空间[35]。其中，物态空间是指相对固定的某个特定的物质空间，是村民进行思想交流的场所，这类交往空间通常是具体的、有形的，如寺庙、戏台、祠堂、井台，还有一些比较空旷的山林、田间地头等；意态空间是指乡村中普遍存在的一些约定俗成的活动形式，这类空间的形态是抽象的、无形的，且是不固定的，它因民俗活动而生，如村落内的贸易活动、节庆和祭祀类活动、红白喜事仪式活动。

综上所述，乡村公共空间的主要分类，见表1.2。

乡村公共空间的主要分类   表 1.2

分类视角	划分维度	具体分类
物质性特征	空间几何形态	点状、线状和面状公共空间
	空间开放程度	开放性和半开放性公共空间
	空间界面构成	硬质和软质公共空间
社会性特征	社会型构动力	行政嵌入型和村庄内生型公共空间
	社会功能	生活型、生产型、信仰型和娱乐型公共空间
		生活型、组织型、休闲型、项目型和事件型公共空间
其他	空间存续时间	固定性和暂时性公共空间
	用地权属	显性和隐性公共空间
	公共空间概念	物态空间和意态空间

1.4 研究现状

乡村公共空间研究是涉及多个学科的综合课题，本节主要从社会学领域、城乡规划学与建筑学领域、风景园林学领域对乡村公共空间的国内外研究现状进行描述和分析。由于国外专门针对乡村公共空间的研究相当稀缺（国外重点关注城市公共空间，如城市空间节点、街道空间尺度、人的行为活动等），因此以下研究现状的描述全部来自于国内。

1.4.1 社会学领域乡村公共空间研究

社会学领域对乡村公共空间的研究，更多关注乡村公共空间与某种乡村社会要素之间的关联关系，如乡村社会秩序、乡村社会资本、乡村社会治理等[36]。该领域对乡村公共空间的研究一直以来都是整个乡村公共空间研究的重点。

1. 乡村公共空间与乡村社会秩序。乡村社会秩序，即乡村社会得以聚集在一起的方式，是相对固定的乡村社会关联形式和乡村人际交往的结构方式。

可以看出，乡村社会关联是乡村秩序形成并赖以维持的社会基础。因此，乡村公共空间与乡村社会秩序之间的关联关系，不仅应体现其本身之间的关联关系，更应体现乡村公共空间与乡村社会之间的关联关系。关于这一方面，其研究重点为分析乡村公共空间内在的乡村社会秩序和乡村社会关联的具体外在表象，另外也可以通过重构乡村公共空间来重建社会关联。

其中，曹海林[16][37-38]指出乡村公共空间成为乡村变迁场景中社会秩序生成的重要场域，乡村公共空间在乡村社会变迁中的演变趋势正好折射出乡村秩序的社会基础及其性质所发生的巨大变化，并指出乡村社会变迁中行政嵌入型公共空间的萎缩与村庄内生型公共空间的凸现必然引发乡村社会秩序的重构；熊芳芳等[39-40]认为乡村公共空间已成为乡村社会结构的一部分，对乡村公共空间人际传播的特征进行分析，并指出乡村公共空间对乡村社会关联的影响是多方面和深层次的，其影响不仅体现在相互信息交流、互动人情往来的浅层次上，对于深层次的整合民间力量、培育意见领袖、形成舆论压力等方面也具有很强的作用；冯健等[21]从乡村空心化带来的乡村公共空间变迁入手，讨论了空心村背景下通过公共空间重构来实现乡村社会结构优化的途径，认为乡村社会结构影响公共空间结构，公共空间结构又反作用于乡村社会结构；郭明[41]认为当前村民逐渐走出乡村，"实体型公共空间"难以担当整合乡村社会秩序、繁荣乡村公共文化、维系乡村共同体的重任，可以尝试以微信（群）等"虚拟型公共空间"来构建其散落在不同空间村民之间的联系，使其发挥传承乡村传统文化习俗、营造乡村公共舆论及唤醒乡村社会记忆等方面的重要作用，从而再造乡村共同体。

2. 乡村公共空间与乡村社会资本。乡村社会资本是乡土社会的重要资源之一，具有维持乡村秩序、整合乡村资源、保持乡村有机体自身平衡等作用，其量化指标包括互助、信任、凝聚力等[32]。关于这一方面，其研究重点是分析乡村公共空间对促进乡村社会资本生成的重要意义，以及分析比较不同乡村公共空间对促进乡村社会资本生成的不同作用。

其中，李小云等[32]认为乡村公共空间为村民社会资本的建构提供了良好平台，促使"后致"社会资本的产生与维持，这些社会资本为村民的生计提供有价值的资源，在一定程度上替代了传统乡村内"先赋"关系（亲缘及地缘）的功能，并指出不同类型的乡村公共空间对村民社会资本的影响不同；韩国明等[42]基于甘肃、青海、宁夏三省（区）部分地区的实地调查资料，认为大范围、高频率接触、半开放的公共空间可以为村民提供最佳的交往场所，可以产生出相对充分的社会资本，有利于促进村民合作行为的发生；王春娟[43]分析了当前乡村社会资本的缺失成为乡村社区建设可持续发展的重要阻力，并指出可以在尊重乡村社区建设的人文和历史规律的基础上，通过重建乡村公共空间、重塑乡村公共舆论和公共精神、培养乡村公共人物等手段，来重构乡村社会资本，从而为乡村建设提供精神和价值支持。

3. 乡村公共空间与乡村社会治理。这里的乡村公共空间主要是指社会公共空间，如民间组织、社会舆论、社会精英、微信群等，其本身就是一种自治方式，其对公共权力的授权和使用都具有独立的约束力量。关于这一方面，其研究重点是分析乡村公共空间建设对于推进乡村社会治理的主要意义。

其中，王春光等[44]认为在我国乡村并不缺乏发展社会公共空间的可能性和基础，国家应该给予很好的挖掘和培育，并通过深入剖析贵州安顺市 J 村公共空间的案例，来实证乡村公共空间对村民自治建设和乡村发展的意义；徐琴[45]认为党群微信群为乡村社会和国家意志之间的互动融合提供了一个微平台，实现了社会管理的扁平化运作，推动了乡村治理模式的转型升级，该公共空间的乡村"微自治"特征（包括微管理、微监督、微决策、微服务）强化了村民在乡村治理场域中的主体性作用，另外村干部的双重角色映射在公共空间之中，使得该空间兼具"国家在场"与"乡村自治"的双重面相，又强化了乡村社会公共空间的复杂性；何兰萍[46]分析了转型期的中国乡村具有社会控制弱化和公共空间弱化并存的局面，认为乡村公共空间的弱化是乡村社会控制弱化的结果和体现，并会进一步对乡村社会秩序和社会稳定产生影响，指出需要通过乡村公共空间的重构，来研究乡村社会控制和社会整合机制的建设。

综上所述，社会学领域关于乡村公共空间的研究，其研究主要是分析乡村公共空间与社会域某一要素（如乡村社会秩序、乡村社会资本、乡村社会治理等）之间的关联关系，乡村公共空间与各个社会域要素之间关系的研究重点见表1.3。社会学领域乡村公共空间的研究，为本书研究公共空间物质形态背后社会运行机制以及研究物质形态可能导致的社会影响提供了良好的借鉴和参考。

乡村公共空间与各个社会域要素之间关系的研究重点　　　表1.3

社会域要素	研究重点
乡村社会秩序	分析乡村公共空间是内在乡村社会秩序和乡村社会关联的具体外在表象，另外也可以通过重构乡村公共空间来重建社会关联
乡村社会资本	分析乡村公共空间对促进乡村社会资本生成的重要意义，以分析比较不同乡村公共空间对促进乡村社会资本生成的不同作用
乡村社会治理	分析乡村公共空间建设对于推进乡村社会治理的主要意义

1.4.2 城乡规划学与建筑学领域乡村公共空间研究

城乡规划学与建筑学领域对乡村公共空间的研究，主要分为乡村公共空间的形态特征研究、乡村公共空间演化及其影响因素研究、传统乡村公共空间保护与更新研究以及新农村公共空间优化与营建研究四个方面。这四个方面研究有相互交叉重叠的部分，并且它们之间存在复杂的关联关系，其中传统乡村公共空间保护与更新研究和新农村公共空间的优化与营建研究这两方面都属于乡村公共空间的发展研究，是该领域研究的重点。

1. 乡村公共空间的形态特征研究。乡村公共空间形态特征既包括宏观层面公共空间的分布特征，微观层面的公共空间形体环境，还包括乡村公共空间内各要素的表现特征，如几何特征、美学质量等。不同地域、不同文化会体现不同的乡村公共空间形态特征，这一方面的研究对象以不同地域的传统乡村和特殊地形的乡村为主，同时前者的研究成果，可以为该类型传统乡村公共空间针对性保护与更新研究提供基础。

其中，韦泡春[47]在广泛搜集文献资料、深入详实的调查踏勘基础上，借鉴类型学与空间句法，定性、定量地描述了广西传统乡村公共空间的形态、特征及其深层组构，构建了广西传统乡村公共空间的信息数据库，并对传统乡村公共空间多样性形成具有决定性作用的"民族性"与"地域性"因素进行互动关联性研究，比较同一民族不同地域、同一地域不同民族、少数民族与汉族之间传统乡村公共空间形态特征的异同，归纳出广西少数民族传统乡村公共空间的个性、共性与特性；林翔等[48]以闽南沿海地区传统乡村的丙洲村为研究样本，认为"埕"和"街巷"是该乡村公共空间体系中的主要类型，在大量实地调研分析的基础上对其进行细分，并总结了每种细分类型乡村公共空间的平面布局、空间特色以及所承载的活动类型；吴子翰等[49]以传统广府村落的广州番禺区乡村为例，提出了该地域的乡村公共空间以宗祠为核心，周围辅以广场、山、水等相关要素的布局形态，并分析了公共空间的功能演化特征。赵昕未[50]以陕西省周至县山地型乡村为研究样本，以详实的田野调查为依据，分析归纳了周至山地型乡村公共空间的整体形态、宗庙建筑、街道网络、空间界面、边界等的总体特征，并分析了各类型乡村公共空间的活动与场所特征。

2. 乡村公共空间演变及其影响因素研究。城乡规划学与建筑学领域研究乡村公共空间都会描述某一地域的乡村公共空间演变发展历程，当前国内研究乡村公共空间演变的总体趋势是不同程度的空间衰败，而导致乡村公共空间演变的影响因素主要是背后社会域的因素，如城市化的推进、治理能力的弱化、对传统文化的漠视等。

其中，张园林等[31]以关中地区乡村公共空间为研究对象，总结出其从近代以来不同时期经历了"繁荣—弱化—复兴—衰落—迷茫"的演变过程，并指出关中地区乡村公共空间演变的主要影响因素是政府和乡村两个主体，不同时期驱动力分别表现为乡村内生发展、制度干预、乡村内生恢复、乡村离散、行政干预；王东等[25][51]从功能和形式的视角分析了我国乡村公共空间的演变脉络，总结了乡村公共空间功能和形式之间的关系在时间尺度上呈现出"共存—特殊—脱节—分离"的变化，并分别探讨了不同时期乡村公共空间特征的影响因素，分别是使用和生活功能的需要、政治和生产的主导控制、市场经济与大众文化冲击渗透、新农村建设的推动；王春程等[52]对新中国成立后不同时期的乡村公共空间特征进行分析，总结出乡村公共空间经历了"异化—复兴—衰亡—迷失"的演变过程，并指出乡村公共空间演变的影响因素是乡村社会变迁中的国家力量，其经历了"全面渗透—退场—弱化—回归"的变化。顾大治等[53]以历史维度研究自发与构建秩序视角下乡村公共空间的演变过程，总结出新中国成立前至今乡村公共空间的演变呈现出"自发秩序绝对主导—自发秩序主导，构建秩序隐现—构建秩序凸显，自发秩序弱化—构建秩序主导，自发秩序迷茫"的特征，并指出演变的主要影响因素是乡村公共空间各种社会参与力量（政府、村民、乡绅、市场、设计师等）之间的博弈。另外还有重点针对乡村公共空间演变影响因素的研究，李立[54]认为乡村公共空间演变的影响因素主要是环境、文化性、工业化、国家意识和乡镇工业的发展；戴林琳等[23]认为乡村公共空间演变的影响因素主要有三个方面：对传统历史文化的不重视、社会经济结构发生变动、忽视地域性和文化性的新型乡村公共空间建设。

3. 传统乡村公共空间保护与更新研究。这一方面的研究对象主要是传统乡村，其研究内容主要是如何化解乡村公共空间保护和发展之间的矛盾，有两个核心的研究方向：一是结合乡村公共空间的传统营建智慧及其所表达的优秀文化，来针对性设计乡村公共空间的保护与更新策略；二是结合外部力量（如旅游开发、文化产业、周边环境等）对传统乡村的影响，来针对性设计乡村公共空间的保护与更新策略。

关于第一个研究方向，郑霞等[35]在分析传统乡村村民交往活动的情感基础以及公共空间的尺度性、模糊性、场所性和序列性的基础上，针对性提出乡村公共空间的传承建议；赵之枫等[55]以河北承德市虎什哈镇的自然村为例，对传统乡村公共空间形式进行分析，得出具有半开敞的院落空间可承担多种功能，点状公共空间丰富公共空间形式，线状公共空间增强点状公共空间之间的联系，自然形成、形式多样、各具特色等方面特征，并针对性提出适当增加公共空间数量、体现地域特色且功能多样、层次丰富且可达性高等更新建议；张健[56]以广州番禺区大岭村为研究案例，深入分析其公共空间形态、形成原因以及作用意义，并针对性提出文化保护传承和公共空间改造、开发和利用的具体方法和策略；王葆华等[57]以太原市赤桥村为研究对象，在分析其乡村公共空间特色的基础上，结合其保护和利用现状，针对性提出点、线、面不同形式的公共空间更新策略；薛颖等[58]以关中地区传统乡村为例，将传统乡村公共空间体系及文化活动进行总结，并针对性给出保护乡村传统公共空间及文化和建设人文气息浓厚的乡村策略；段德罡等[59]以甘肃省三益村中心公共空间修复为例，将传统文化"俭"融于修复全过程，并引导村民自主参与，使村民在参与建设过程中感受到传统文化的益处，同时唤醒其自身的家园意识和文化自豪感。

关于第二个研究方向，张婷麟[60]以徽州古村落为例，探索了中国文化乡村的旅游开发与传统乡村公共空间更新的合理途径，提出采用乡村公共空间转移的方法，既能够使徽州文化完美呈现，又能尽量保障当地村民在公共空间活动的权益；李竹等[61]以南京市溧水区白马镇石头寨李巷村为例，分析了如何挖掘并发扬自身特色和优势，实现与产业及资源的对接，并针对性地给出"主客共享"的乡村公共空间营造策略；周游等[62]以广州小洲村的祠堂公共空间为例，研究了文化创意产业介入与乡村公共空间发展的关系，为保护和利用传统乡村公共空间开辟了新的途径；倪书雯等[63]以浙江省安吉县鄣吴镇的鄣吴村为例，研究了周边小镇发展与传统乡村公共空间保护与更新之间的关系，借助空间句法对过去与当前乡村公共空间进行分析，并通过多方位的图式语言，针对性地提出乡村公共空间的保护更新策略。

4. 新农村公共空间的优化与营建研究。这一方面的研究主要以新农村公共空间的现状分析为基础，一般结合特定乡村公共空间优化与营建目标，之后进行乡村公共空间优化与营建策略的针对性设计。

其中，陈小燕等[64]以广州市番禺区洛浦街沙溪村的新农村公共空间营建为例，采用"望、闻、问、切"的方法分析了乡村公共空间存在的问题及其设计要点，指出其公共空间的设计重点不在于空间的漂亮、华丽，而在于切合现有乡村公共空间的特点，并针对性给出营建策略；王勇等[65]对苏南乡村社会及其重大制度变迁进行了历时性追踪，系统地界定苏南乡村公共空间转型及其机制，并指出新农村公共空间建设不能仅靠单方面的力量，而是需要寻求多方力量并形成有效机制；刘启波等[66]基于生态化理念，从空间组合模式、环境设计、建筑设计、建筑文化等各个层面探讨了新农村公共空间优化模式，并以西安市鄠邑区东韩村公共文化活动中心为例，分析其优化模式的可实施性；严嘉伟[67]立足于当今乡村公共空间建设的现状问题，提出了构建起在当下社会具有生命力的乡土记忆营建思路，并具体设计出基于乡土记忆"存储—提取—组织—再现"的乡村公共空间营建路径。

综上所述，城乡规划学和建筑学领域关于乡村公共空间的研究，更加关注乡村公共空间物质层面特征及其紧密相关联的社会域影响因素分析，以及基于当前物质层面特征来分析所设计的针对性优化更新策略。城乡规划学和建筑学领域对乡村公共空间的研究，为本书研究乡村公共空间物质形态特征以及基于物质形态特征的公共空间优化策略的设计提供了良好的借鉴和参考。

1.4.3　风景园林学领域乡村公共空间研究

风景园林学领域关于乡村公共空间的研究起步较晚，但近年来研究较多，其根源于城乡规划学和建筑学领域关于乡村公共空间的研究，与其也没有严格意义上的区分，可以说是城乡规划学和建筑学领域关于乡村公共空间研究的拓展和延伸，其更加侧重多学科的交叉融入，研究主要可以分为乡村公共空间景观营造、乡村公共空间的景观格局、乡村公共空间的艺术介入等。

1. 乡村公共空间景观营造。这一方面主要通过景观的手法来规划和营造乡村公共空间，以人与空间的互动关系为研究切入点，最终达到改善乡村人居环境，"人与空间良性互动"的目标。

其中，冯悦等[68]尝试从"人的情感"角度出发，对乡村公共空间和场所依恋相互联系并进行研究综述，系统梳理了乡村公共空间营造中"场所依恋"的作用逻辑和关键机制，并指出未来在识别乡村中的重要恋地空间，探索具有乡村生态、生产和生活特征的公共空间要素与场所依恋的关联机制，明晰触发恋地情感的乡村公共空间特征和准确把握乡村居民场所依恋的驱动要素等方面有较大的研究空间与潜力；王丽洁等[69]认为丰富的历史文化所形成的独特文化地域景观不仅是乡村建设中应该重视及保护的对象，更是发挥乡村地域特色优势的重要资源，在其中观层面的乡村文化景观传承与发展策略中，重点描述了乡村公共空间景观保护与更新策略，包括延续和发展村落肌理、营建层次丰富的乡村公共空间、加强乡村公共空间的可达性和多元优化乡村公共空间；傅英斌[70]以广州莲麻村生态雨水花园的公共空间修复为例，以水为切入点，针对场地问题，通过塑造以水为邻的活动空间，以重拾岭南乡村以水叙事的传统，探索乡村公共活动与生态景观的融合，使得生态雨水花园建成后集生态示范、环境教育、雨洪管理、游憩休闲于一体，成了备受村民及游客欢迎的公共空间；安旭等[71]从乡村公共空间的景观规划入手，分析了新农村公共空间不能满足村民交往行为的原因，提出新农村公共空间的景观规划需要落实文脉回归，体现生态型和人性化，以政策关怀维护村落景观的完整性；卢素英等[72]以广东省云浮市云城区斗带村公共空间（主要是生活的公共空间）景观改造实践为例，提出适用于该村本土特色景观的"缝·补"策略，从空间整合、废旧资源再利用两个方面着手，对乡村中原本割裂、无序、杂乱的公共空间闲置节点进行重构。

2. 乡村公共空间的景观格局。景观格局指的是大小和形状各异的景观要素在空间上的分布，景观格局的研究在生态学文献中占有很大比重，使其成为景观生态学研究的焦点之一，因此乡村公共空间景观格局营建的一个重要目标也是生态性。

其中，孙炜玮[73]在论述乡村景观营建方法的过程中，指出乡村景观营建的格局是生态性，并在村落层级景观的生态营建中，着重论述了乡村公共空间中的景观节点、街巷网络的保护性提升完善策略以及水体资源的生态再生营建策略；王鑫等[74]以海南石石矍村公共空间为例，运用空间句法、剖面分析法、时空分析法等对其进行了多维度量化分析，并对乡村公共空间景观格局以及形成的内在机制进行了探讨和总结；马源等[75]对乡村公共空间中的开敞空间在城乡一体化格局下的特点及利用模式进行探讨，并指出半城市化乡村的公共空间可以采用"公园化＋绿道＋都市农业"的景观格局模式，生态型乡村的公共空间可以采用"绿色基础设施＋生态旅游＋特色产业"的景观格局模式，农业型乡村的公共空间可以采用"乡村民宿＋观光农园＋精致农业"的景观格局模式。

3. 乡村公共空间的艺术介入。这一方面主要是指乡村公共空间中的公共艺术，强调公众可以欣赏或参与的艺术形式，如雕塑、景观小品等，运用公共艺术对乡村公共空间进行设计，能够以艺术化手段激活乡村公共空间，从而促进乡村整体发展活力。

其中，姚艳玲[76]以甘肃省天水市秦安县石节子村为例，描述了公共艺术作品——雕塑给乡村带来的经济表现，直接的经济表现是增加了村民的收入并提升了乡村知名度，间接的经济表现是改善了乡村公共基础设施、增强村民自信意识以及提高村民生活品质；陈汉等[77]从动态雕塑对自然时空的转译、对乡村情感的唤醒以及对乡村公共空间的艺境营造三个方面，论述了动态雕塑介入乡村公共空间的可行性，并指出动态雕塑可以作为将公共艺术引入乡村的一种造型载体，让公共艺术在乡村中生根并可持续发展；邱天伦等[78]在分析当前乡村公共艺术公共性缺失的基础上，认为其公共性本质上是文化上的公共性，并指出在乡村公共艺术的实践活动中，需要从满足村民需求出发，与村民的审美情趣沟通，激发村民参与的积极性以及充分发挥政府在公共艺术活动中的重要作用；陆燕燕[79]以南京市杨柳村为例，基于南京的共性地域文化元素和杨柳村的个性地域元素，结合创新设计方法，提出杨柳村的景观小品设计策略，具体为：从杨柳村之名中提取元素展开设计、利用本土材料进行设计创新、借鉴杨柳村古民居建筑的装饰题材进行设计创新以及通过传统技艺（如木雕、砖雕和石雕的雕刻手法）进行创新。

综上所述，风景园林学领域关于乡村公共空间研究也主要侧重物质层面特征的研究，其中关于景观营造、景观格局等方面的研究与城乡规划学和建筑学领域关于乡村公共空间有重叠部分，两个领域并没有严格意义上的区分，但是风景园林学领域关于乡村公共空间的研究更加侧重空间形态，更加注重生态性，并且更加强调与其他多个学科的交叉。风景园林学领域关于乡村公共空间的研究给本书乡村公共空间本体优化方法的整体设计提供了良好借鉴。

1.4.4　综合述评

从以上社会学领域、城乡规划学和建筑学领域以及风景园林学领域三个方面关于乡村公共空间的研究现状描述和分析，可以得出以下特点：

1. 从研究内容来看，各个学科领域研究乡村公共空间逐渐相互渗透延伸。风景园林学领域以及城乡规划学和建筑学领域的研究内容，主要注重乡村公共空间的场所性和物质性，由原先研究空间的外在形式、几何形状、空间格局等内容，逐步扩展到研究空间功能、建构动力、人与空间的良性互动等内容，可以看出该领域的研究内容呈现出由物质空间特征标准向其社会功能、成因等社会层面特征标准扩展的研究趋势；社会学领域的研究内容，由原先纯粹关注乡村公共空间背后的各种乡村社会域要素，逐渐扩展研究乡村公共空间的空间实体与背后社会域要素的相互作用关系，认为两者是相互影响、相互作用、辩证统一的。

2. 从研究方法来看，各个学科领域的研究方法缺乏相互沟通联系与整合。社会学领域、城乡规划学和建筑学领域以及风景园林学领域对于乡村公共空间的研究，均就各个学科领域关注的角度采用其研究方法对乡村公共空间进行解析研究，多学科领域融合交叉的系统性多元研究方法运用较少，并没有形成规范科学的多学科领域复合的方法论体系，且现有研究方法中以定性描述和案例调研为主，量化计算和理论研究相对较少。

综上所述，各个学科领域对于乡村公共空间的研究，其研究内容上相互渗透与延伸，以及研究方法上缺乏沟通与整合，为化解以上研究方法和研究内容之间的不适应性，亟需探索采用多学科交叉融合的研究视角和方法。

1.5 研究视角与研究对象的确定

1.5.1 研究视角的确定

从以上关于乡村公共空间概念以及关于乡村公共空间研究现状可以得出：

一方面，乡村公共空间本身具有"空间"（空间域）与"社会"（社会域）双重属性。"空间"属性是乡村公共空间的物质实体属性，是环境景观的重要载体，其要素包含公共空间的整体布局、关联形式、功能属性、要素构成等，该属性是乡村公共空间的"外在形式"，也是乡村公共空间的基本属性；"社会"属性是乡村公共空间的隐形属性，其要素是指村民在乡村公共空间中所从事的社会活动（包括日常生活活动、生产活动、信仰活动、政治活动等），以及通过这些社会活动所体现的场所精神，还包括与乡村公共空间相关的社会背景、政治制度、经济制度、产业规划、权属划分、建设方式、管理方式、组织方式等，该属性是乡村公共空间的"核心内容"所在。

另一方面，乡村公共空间的"社会域"要素与"空间域"要素是密切关联、辩证统一的。对于乡村公共空间，其"社会域"要素决定其"空间域"形态，同时其"空间域"形态又会反作用于"社会域"要素[21]，乡村公共空间产生和演变的过程也是其"社会域"要素和"空间域"要素相互耦合、相互作用、相互促进，塑造稳定地方意义和特定环境景观特征的过程。因此，"社会域"要素与"空间域"要素是乡村公共空间的一体两面，二者具有辩证统一的交互作用和共存共生的相互关系，其本质上是乡村公共空间的外在图式和内在逻辑的关系体现，乡村公共空间既不可能是一种具有独立自我组织和演化自律的纯空间，也不可能是一种纯粹社会属性生产关系的简单表达。

综上所述，乡村公共空间是一个"社会域"要素与"空间域"要素复合的有机整体，是一个具有活态社会文化生活和环境物质景观的有机复合体。其营建和优化研究离不开以"空间域"为核心的设计以及以人为中心的"社会域"之间的相辅相成，单纯研究其"空间域"，就失去了体现的内涵，单纯研究其"社会域"，就失去空间落地性这一本色。

因此，本书基于风景园林学的观点和立场，借鉴该学科具有"整合性"的特性[80]，探索将乡村公共空间"社会域"的学科方法和"空间域"的学科方法进行整合，充分吸收"社会-空间"统一体理论的相关知识，尝试从"社会-空间"一体的视角对乡村公共空间优化进行研究，该视角本质上是一种"以社会域优化来带动空间域营建、以空间域的提升来促进社会域的优化、社会域-空间域相互融合"的优化模式。在"社会-空间"一体视角的指导下，深入分析乡村公共空间"社会域"与"空间域"相互作用机制，提炼乡村公共空间"社会域"与"空间域"存在的核心问题，并提出针对性设计乡村公共空间的优化策略。该研究视角也正好响应了本书研究现状分析中得出的"亟需探索采用多学科交叉融合的研究视角和方法"的结论。

1.5.2 研究对象的确定

城市化快速推进过程中，城市周边乡村相比于一般乡村，其公共空间的"空间域"要素以及其关联的"社会域"要素的演化特征更为明显。因此，为了更好地从"社会-空间"一体视角下对乡村公共空间进行研究，本书选择了城市周边乡村的公共空间作为该视角下的研究对象，具体以陕西省西安周边乡村公共空间为例。

为了更好地在"社会-空间"一体视角下对西安周边乡村公共空间展开研究，主要是为了能够更好地开展调研和统计分析，本书对具体的样本乡村进行了确定，其确定步骤如下：

步骤1：2018年9月，国务院发布《乡村振兴战略规划（2018—2022年）》，明确提出集聚提升类、城郊融合类、特色保护类、搬迁撤并类四种乡村类型及其分类发展策略。2019年5月，西安市发展和改革委员会正式印发《西安市乡村振兴战略实施规划（2018—2022年）》，也将西安地区乡村划分为以上四类并针对性给出相关发展策略。本书的研究对象主要是西安城市周边的集聚提升类乡村。因为这一类型乡村目前最为普遍，分布较广，分析这一类型的乡村所采用的方法以及得出的结论更加具有普适意义。

步骤2：2017年、2018年、2019年和2020年，西安市住房与城乡建设局委托第三方，依据《陕西省美丽乡村建设规范》和《西安市美丽乡村建设技术导则》，对西安市美丽乡村建设进行考核评估，西安涉农的区县 187 个街镇（西安统计年鉴 2018）根据各地实际情况 4 年内共选报 900 余个乡村（年度之间有部分重复），经第三方机构实地调研、现场询问、专家打分和科学校核等环节对其进行评分，其中评分 60 分以上（即达标）的共有 490 个，作为本研究的案例库，具体名单见本书后附录 I。

步骤 3：在该案例库中，按照文献 [81] 具体的乡村分类原则和方法，去除其中城郊融合类、特色保护类、搬迁撤并类这三类乡村，再去除受城市影响较小的偏远乡村，选择城市周边乡村的集聚提升类乡村。

步骤 4：对集聚提升类乡村进行梳理，筛选出自然生长的，具有良好产业基础，西安传统民俗风情浓郁、民风淳朴、文化内涵丰富，且空间建设又具有一定特色的 40 个乡村作为本书研究的样本乡村，对这 40 个样本乡村进行详细、深入的资料搜集、田野调查、图纸测绘、统计分析、总结归纳等工作。

样本乡村的选取过程，如图 1.5 所示。

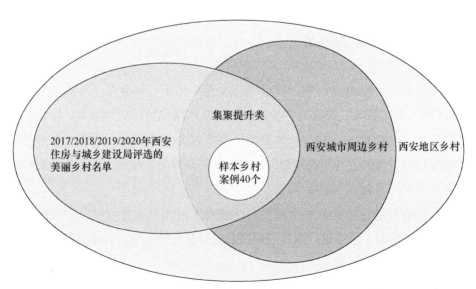

注：40 个样本乡村是指自然生长的，具有良好产业基础，西安传统民俗风情浓郁、民风淳朴、文化内涵丰富，空间建设又具有一定特色的乡村。

图 1.5　西安周边样本乡村的选取过程

另外，由于 2017 至 2020 年西安市美丽乡村建设考核评估是以自然村为单位进行的，因此，本书的样本乡村也都是自然村，并且为了便于后期"空间域"的统计分析，这些样本乡村基本都只有一个组团。具体乡村的名单及其分布，如图 1.6 所示。

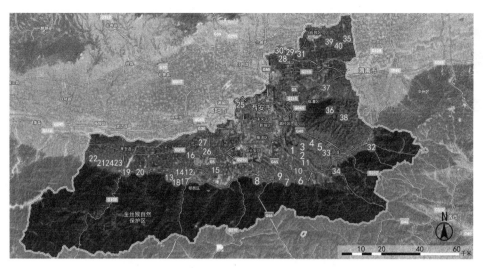

1西车村　2东车村　3金星村　4西张坡村　5东张坡村　6杨庄村　7清北村　8抱龙村　9白家湾村　10南寨东村　11天王村　12胡家庄村　13柳泉村　14西伦村　15裴家寨村　16两庵村　17曹村　18水北滩村　19西楼村　20延生观村　21兰梅塬村　22西沟村　23南大坪村　24复兴寨村　25八兴滩村　26凿齿南村　27凿齿北村　28杜家村　29仁村　30上院村　31生王村　32张家坪村　33贺家村　34白家坪村　35神东村　36茨林村　37坡张村　38小金村　39井家村　40老寨村

图1.6　西安周边样本乡村名称和地理分布情况

2 相关基础理论及技术框架

本章基于第 1 章提出的问题及确定的研究视角，寻找分析和解决问题的相关基础理论，分别从社会空间统一体理论、空间生产理论、扎根理论和环境心理学四个方面进行概述，重点描述各个理论的内涵和运用情况，并将这些理论与本书核心研究内容进行关联，给出本书总体技术框架。

2.1 社会空间统一体理论

2.1.1 理论内涵

社会空间统一体理论，也称为社会－空间辩证理论（Socio-spatial dialectic theory），是理解和剖析城市空间生产和创造的重要理论，其对城市空间生产的解读，有助于将对城市空间的研究从传统僵硬的"物质空间"转变到现代鲜活的"生活空间"。其相关思想最早在列斐伏尔（Henri Lefebvre）、曼德尔（Ernest Mandel）等人[82-83]的著作中有所体现，而"社会空间统一体"这一明确概念是由哈维（David Harvey）在其《社会公正与城市》[84]一书中首次提出，认为应该从物质空间和社会空间相互作用的关系中理解城市空间结构。

社会空间统一体理论是社会地理学研究的重要基础，其关注的对象主要是城市空间，基本观点是社会和空间之间存在辩证统一的交互作用和相互依存关系，生产中形成的社会联系构造空间，并且这种社会联系会随着空间的改变而变化。其认为[85-87]：人们在城市空间中进行生产和生活，会逐渐将自己的行为加诸他们周边的环境空间中，并最大可能对空间进行修改和调整，以满足他们生产生活的需要和价值的表达；同时受周围空间及其他因素的限制，人们自身的行为必须逐渐适应他们生产生活的空间以及在他们周边环境的人，空间以它自己的方式影响着城市内人们的关系和城市的发展模式，空间虽不一定是影响社会中人们相互作用的最主要因素，但无疑是一个决定性要素。此外，空间转变可以被作为社会转变的说明，在社会发展进程中，空间表达出的具体内容和意义，实质上反映了社会的要素特征，新旧空间形式的冲突是旧的空间和新出现的社会关系间冲突的转换表达。

可以得出，社会与空间之间存在着双向互动的连续过程，即社会空间统一体，也就是一方面人们通过不同的方式创造、维护和改变着邻里和社区的空间，另一方面人们的价值、看法和行为也被他们周边生产生活的空间及周围的社会环境以不同的方式支配和影响着，在经济、人口、文化等社会因素与空间一系列连续的互动过程中，城市空间的发展变化成为可能。因此，生产关系也是具有空间和社会双重属性（即空间生产关系和社会生产关系），并且空间生产关系与社会生产关系并非相互独立，两者的同质性源于同一生产方式，存在着相互依赖的辩证关系[88]。

2.1.2　理论运用

社会空间统一体理论作为激进马克思主义流派的一个重要概念，主要被用来表述社会-空间相互作用的范畴，认为社会关系决定空间形式，而空间形式亦会反作用于社会关系[89]。该理论为研究社会和空间之间的对应性切入提供了重要的启示，其最主要的运用是分析研究城市居住空间的分异问题[90-93]，并且近年来逐渐向乡村空间延伸[94-97]，在该理论的指导下，形成了城市居住空间分异问题的一般研究思路：采用定量居住空间数据或者对居住空间的定性分析，构建居住空间分异的模型，从社会要素层面（如城镇化、社会经济体系改革、城市规划与旧城改造等）对形成居住空间分异现象的原因进行探究，并分析居住空间分异现象对城市社会发展带来的影响（包括正向影响和负向影响），最后给出相应的调控对策和措施。

在当前如火如荼的乡村建设过程中，乡村公共空间成了重要的改造对象，西安周边乡村公共空间出现离散化现象，可以借鉴社会空间统一体理论分析城市居住空间分异的思路，从社会层面出发探索分析导致西安周边乡村公共空间离散化现象的原因，并从其离散化现象出发分析其对社会造成的影响，最后提出对应的乡村公共空间优化策略。因此，社会空间统一体理论可为本书研究西安周边乡村公共空间优化方法提供总体分析思路。

2.2　空间生产理论

2.2.1　理论内涵

空间生产理论的相关思想最早可追溯至 20 世纪初，是由马克思主义学者在其对资本主义生产方式的批判中提及，该思想主要用来解释工业化（社会）带来的城市空间变化，基本观点是：工业化过程中的城市自身就是一种全新的空间生产方式，其结果使得城市与乡村之间构成了一种凝结性中心和耗散性边缘的共时对立关系[98]。之后，法国思想家列斐伏尔从马克思主义政治经济学的视角来分析空间，真正意义上将对空间的分析带进了马克思主义，正式创立了空间生产理论，并于 1974 年出版了著作《空间的生产》，他指出对现代资本主义生产的分析应由"空间中事物的生产"转向"空间本身的生产"[99]，纠正了空间是社会关系演变的静止"容器"或"平台"的概念，认为空间是资本主义生产条件下社会关系的重要一环，在历史发展中是动态生产的，是社会实践的产物[100]。

列斐伏尔空间生产理论的核心观点是（社会）空间是（社会的）产物[（Social）space is a（social）product]。这里的社会空间，不同于通过事物的汇集或感觉数据的堆砌而构成的精神空间，也不同于由装满各种内容的空壳构成的物质空间，而是在完善精神空间和物质空间以外的未知[101]。该核心观点本质上是指基于价值与意义的社会生产、复杂的社会建构，影响着空间的实践与知觉[102]，空间可以被理解为一种社会秩序的空间投射和表达。同时，该核心观点反映了自然空间已经被征服，自然空间由原来的各类社会过程的起点和源头，转变为各种生产力和生产方式塑造特定空间的原材料；并且也反映了特定的社会具有特定的生产方式，每一种不同的生产方式都会生产出属于它专有的特定空间，即每种特定的社会都会形塑自己特定的空间[102-103]。基于该核心观点，列斐伏尔认为：城市空间展现更多的是资本主义制度下的社会关系，这样城市空间必然被注入资本主义的生产逻辑（为利润和剥削而进行生产），因此，城市空间所产生的主要矛盾就是剥削空间（以谋取利润的需求）与消费空间（人的社会需求）之间的矛盾[104]。

基于以上核心观点，列斐伏尔空间生产理论的重要分析认知框架是空间三元辩证法。列斐伏尔在批判传统空间二元对立分析框架（物质空间和精神空间）的基础上，引入社会空间的概念（社会空间既是物质的又是精神的，但是其并不是物质空间与精神空间两者简单的融合，而是对两者的一种超越），提出了空间三元辩证法的分析认知框架，试图展现不同历史时期空间体系发展的连贯性。空间三元辩证法的分析认知框架，即空间实践（Spatial practice）、空间表征（Representations of space）、表征空间（Representational spaces），核心内涵是任何由社会生产出来的空间都是由空间实践、空间表征、表征空间辩证组合而成[105]，即一切空间都可以从空间实践、空间表征与表征空间的空间三元去辩证思考。其中，空间实践属于感知的空间，是指在特定社会空间中实践活动发生的方式；空间表征属于构想的空间，是指处于支配地位的强者所构想的空间模式和秩序；表征空间属于生活的空间，是指处于被支配地位使用者的空间体验和反馈，就是所谓的"社会空间"。"空间实践"和"空间表征"是生产力和生产关系之间辩证思维的体现，"表征空间"是"空间实践"基础上生活性的反抗与回归，"空间表征"是对"表征空间"在意识形态上的超越，空间实践、空间表征和表征空间三者之间在逻辑上是递进循环关系，呈现出"概念/想象/精神—实践—再实践"的过程序列，三个层面同时展开，如同辩证法思维中的"肯定—否定—否定之否定"的规律过程。空间生产理论的三元辩证法模型如图2.1所示。

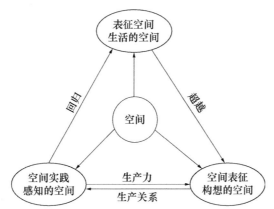

图 2.1　列斐伏尔空间生产理论的"三元辩证法"模型

从以上空间生产理论的内涵分析可以看出，空间生产理论与社会空间统一体理论本质上是一脉相承的，其属于社会空间统一体理论的一个重要分支，也是最有影响力的一个分支。与社会空间统一体理论强调社会与空间之间双向作用过程相比，其更多强调的是社会到空间的单向作用过程，分析空间形态背后的社会作用过程，即空间是如何在社会的影响作用下生产出来的。

2.2.2 理论运用

针对列斐伏尔空间生产理论在当前中国既获得广泛追捧和大量引用，又存在被误读、简化和歪曲的现状[106]，为了更好实现该理论的中国在地化，《国际城市规划》杂志社于 2021 年 6 月出版了关于"空间生产理论"的专辑[106-111]，该专辑的一个重要任务就是以列斐伏尔理论为基础，结合当前社会现实展开应用性研究。关于列斐伏尔空间生产理论深层次的概念理解和合理运用，至今仍是城乡规划[112-114]、风景园林[115-118]等领域研究的热点和难点问题。该理论的核心运用是从空间背后的社会因素入手来分析解释当今空间现象和空间历史演进，并从空间涉及的"社会域"出发设计相关的优化和调控对策。其运用分析的区域从原先只是城市空间向当前乡村空间和生态空间扩展，采用的主要分析认知框架为三元辩证法，该框架突出了空间表征与表征空间（也就是"强"空间生产与"弱"空间生产）之间互动的研究，弥补了先前研究中过分强调资本和政府作用下的"强"空间生产研究的不足，有助于重新认知空间的社会本质以及生产关系。

针对西安周边乡村公共空间出现的离散化现象，可以借鉴空间生产理论三元辩证法的分析认知框架，从"空间实践""空间表征"和"表征空间"三个层面出发探索分析背后的空间生产逻辑，从而为针对性设计对应的乡村公共空间"社会域"优化策略提供基础。因此，空间生产理论可为本书深入分析西安周边乡村公共空间"空间域"特征背后"社会域"原因提供认知框架。

2.3 扎根理论

2.3.1 理论内涵

扎根理论是一种质性研究方法，被认为是"今日社会科学中最有影响的研究范式"，适合用于定性研究中构建理论，克服了一般定性研究缺乏规范流程指导、研究过程难以追溯、结论缺乏可信等问题，同时也避免了研究定见造成的主观干扰，是一种典型的自下而上的研究方法。扎根理论由美国哥伦比亚大学的格拉斯（Barney Glaser）和斯特劳斯（Anselm Strauss）于 1967 年在《发现扎根理论：质性研究的策略》[119] 一书中首次提出，其总体思想是：从一开始就要求研究者悬置理论，回到现象本身，避免从自身所学理论进行预设，从调研访谈中收集最原始的资料，进行归纳处理，继而抽取出不同范畴的概念并逐步生成理论。

当前扎根理论主要有三大流派，除了以上描述的格拉斯和斯特劳斯的经典扎根理论[119]，还有斯特劳斯和科宾（Juliet Corbin）的程序化扎根理论[120]、卡麦兹（Kathy Charmaz）的构建型扎根理论[121]，三大流派之间的时间演变和异同点，如图 2.2 所示。鉴于扎根理论三大流派各自的问题和彼此间的龃龉，之后又出现很多研究者对它们进行多角度的修补与融合，主要是关于扎根理论中核心概念的辨析（如"理论抽样""饱和"等）以及操作规程的明确[123]。

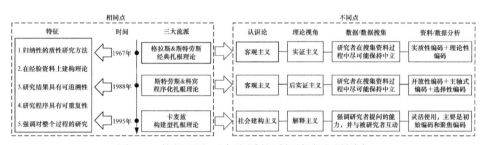

图 2.2　扎根理论三大流派的时间演变和异同点

扎根理论三大流派的一般研究步骤基本相同，都有以下四步：数据收集、数据处理、理论构建和理论饱和检验。在数据处理环节，相比于经典扎根理论的实质性编码和理论性编码，以及构建型扎根理论的初始编码和聚焦编码，程序化扎根理论采用的是开放式编码、主轴式编码和选择式编码，如图 2.3 所示，该数据处理方式将扎根理论的步骤和技术细化为"一步一步来"，使得程序化水平更高、编码过程更加系统严格，具有更好的可操作性，并且能够更好地为从事质性研究的新人提供指导。

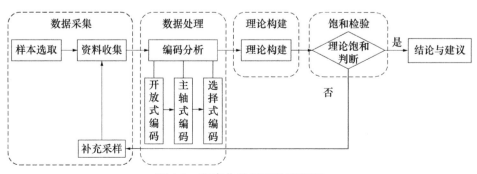

图 2.3　程序化扎根理论流程图

在扎根理论研究中，对科学主义和实证主义的被动吸纳始终是其主旋律，因此，程序化扎根理论以其更强的规范性和可操作性，在扎根理论方法论层面中一直占据着主流位置。有学者这么评论[123]："如果缺少了程序化扎根理论的存在，格拉泽和卡麦兹的观点可能早已为其他质性研究的思路所吸纳和化解，它们势必由于缺少载体而难以获得独立的方法论形象。"

2.3.2　理论运用

扎根理论从资料中产生理论、基于文字编码、保持理论敏感性、迭代式研究、持续比较和理论抽样等的一系列特点，使其成为定性研究中最科学的方法论和最适于进行理论建构的方法，也使其在包括建筑学[124-125]、风景园林学[126-127]等众多领域都有应用。

针对西安周边乡村公共空间村民需求分析的问题，当前关于乡村公共空间村民需求的研究较少，尤其缺乏西安周边乡村的专门研究，并且村民需求存在其认知域中，导致对村民关于公共空间需求的识别较为主观定性，可以采用扎根理论对西安周边乡村公共空间村民需求进行提取研究，该理论系统的研究方法、规范的研究流程可以使得对村民需求分析的研究能够扎根于实践、扎根于数据（即村民的访谈资料），获得较有说服力和一定可信度的村民需求理论模型。因此，扎根理论可为本书分析提取西安周边乡村公共空间村民需求提供方法论。

2.4　环境心理学

2.4.1　理论内涵

环境心理学是研究人与环境之间相互作用、相互关联的一门学科[128]，本质上是用心理学方法来探讨人与其所处环境之间的关系。但是与重基础理论研究、可通过严格实验室环境进行验证的心理学有所不同，环境心理学更加关注现实问题的解决（即实用主义），并强调采用真实性和自然性的实验情景进行验证[129]。

早期的环境心理学，更多是心理学的重要分支，其追求环境与人的心理、行为现象之间的辩证统一，研究范围也比较宽广，涉及与环境社会学、人体工程学、审美心理学、认知心理学等诸多学科领域的交叉。在其研究过程中，有代表性的事件包括：德国心理学家库尔特·勒温（Kurt Lewin）给出了关于行为的函数式 $b=f(p, e)$，其中，b 表示个人行为（behavior），p 表示个体（personality），e 表示环境（environment），即一个人的行为是个人内在需要和外部环境相互作用的结果[130]；美国心理学家埃贡·布伦斯维克（Egon Brunswik）构建了环境知觉的"透镜"模型，来表征通过人感知环境的信息与真实环境具有不完全等同性（即差异性）[131]，如图 2.4 所示；美国心理学家詹姆斯·吉布森（James Jerome Gibson）提出了直接知觉论，认为知觉是人与外界环境接触的直接产物，是一种直接经验，是人类在长期进化中逐渐形成的根据外部环境刺激即可直接获得知觉经验的能力[132]。

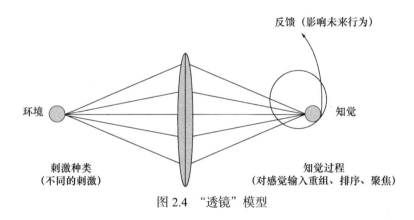

图 2.4 "透镜"模型

从 20 世纪 60 年代开始，由于经济飞速发展带来现代性危机，进而引发人居环境的恶化，西方逐渐将环境心理学引入建筑学、城乡规划学、风景园林学等学科领域，并且其引入后的研究范围越来越广泛，研究实证也越来越深入，使得这个领域成为整个环境心理学研究的重点，甚至美国心理学家贝尔（Bell）等人认为环境心理学就是限于研究与建筑设计相关的环境问题[129]。当前这个领域研究主题包括环境知觉与认知、环境社会学与文化、环境行为学、环境保护与生态、环境设计与评估等[129]，而具体的研究对象包括城市、乡村、建筑、景观、室内等。

当前将环境心理学与建筑学、城乡规划学、风景园林学等学科领域结合进行研究，有代表性的事件和成果包括：凯文·林奇（Kevin Lynch）在《城市意象》中将心理学研究应用到城市设计中，得出了城市意象的 5 个重要因素，分别为道路、边界、区域、节点和标志[133]；扬·盖尔（Jan Gehl）在《交往与空间》中从空间中人的行为活动视角来评价城市空间环境的质量，并分析了能够吸引人进行停留、散步、休憩、游戏等的空间场所特点[134]；芦原义信在《外部空间设计》中描述了空间环境的 D/H 理论[135]；阿莫斯·拉普卜特（Amos Rapoport）在《人和建成环境的互动——跨文化的视野》中从文化人类学的视角来思考人的心理和行为现象与建成环境之间的关联[136]；拉尔夫（Relph）提出了场所（place）的概念，精致地描述人和环境之间复杂微妙的情感关系[137]；段义孚（Tuan Yi-Fu）提出了"恋地情结"，描述了人对过去长期生活空间环境的地方依恋[138]。无论是文化人类学视角、场所概念还是恋地情结，都在人与环境之间关系的分析中引入了时间因素，突破了"共时性"的局限，更多关注"历时性"的环境心理和行为现象。

从以上描述可以得出，当前这个领域的环境心理学研究，虽然没有完全形成统一的综合性研究体系，也没有完全形成指导实践运用的通用理论标准[129]，但是该领域中的相关理论分析过程中所考虑的因素以及得出的有关结论，都为当前空间环境的分析与设计提供了坚实的理论与实践依据。

2.4.2 理论运用

将环境心理学与建筑学、城乡规划学、风景园林学等学科领域结合进行研究所涉及的相关理论，其主要应用是适宜空间环境的设计。而适宜空间环境设计的对象比较庞杂，其中涉及风景园林领域的对象就有乡土聚落景观、城市公园景观、城市商业街景观等。此外，在适宜空间环境的设计中，需要将科学方法与人文方法有机结合起来，既要注重空间环境结构与形式的精确范围，又要凸显具有自主意识的"人"的空间环境感知作用（如采用使用后评价、"建筑诊疗所"概念等方法对空间环境进行评价）。

针对西安周边乡村公共空间"空间域"特征现状产生"社会域"影响的分析，可以借鉴环境心理学相关理论的结论（如 D/H、恋地情结、场所性等），通过对乡村公共空间整体形态及构成要素进行特征的量化解构，分析其（环境）对"社会域"（人的心理与行为现象）的影响，从而提炼出"空间域"整体形态及构成要素的相关问题，有助于公共空间"空间域"优化策略的针对性设计，避免出现脱离村民日常生产生活良性体验的城市化、同质化、符号化的景观空间效果。因此，环境心理学相关理论可为本书分析西安周边乡村公共空间"空间域"的"社会域"影响提供相关分析范围和评价标准。

2.5　总体技术框架

　　将以上相关基础理论与本书的核心研究内容进行关联，得出本书的总体技术框架，共分为五个部分：

　　1. 总体部分。将社会空间统一体理论作为本书研究视角的基础理论，全程指导乡村公共空间优化的研究，贯穿本书大部分的研究内容，旨在对乡村公共空间的"空间域"和"社会域"进行全面解构，为西安周边乡村公共空间演变分析、作用机制分析及优化策略设计提供理论依据。

　　2. 演变分析部分。基于社会空间统一体理论，以乡村社会结构为演变分析视角，详细描述近代以来四个不同时期西安周边乡村的社会结构及其对应的乡村公共空间特征，并分析其演变规律。

　　3. 需求提取部分。将扎根理论引入西安周边乡村公共空间村民需求提取中，基于程序化扎根理论的通用流程，设计村民关于乡村公共空间需求的访谈提纲，收集相关需求信息，并对收集的信息进行三级编码处理，从而构建出村民关于乡村公共空间需求的理论模型，并对理论模型进行验证分析。这一部分研究主要为基于"社会－空间"一体乡村公共空间研究提供优化目标，主要解决的是本书学科问题的第一个子问题。

　　4. 作用机制分析部分。将空间生产理论中的三元辩证法引入分析"社会域"对"空间域"的作用机制，深入解释西安周边乡村公共空间的生产机制和内在逻辑，对当前乡村公共空间的"空间域"特征进行"社会域"溯源；将环境心理学引入分析"空间域"对"社会域"的反作用机制，通过分类统计当前西安周边乡村公共空间的"空间域"特征，并深入分析当前"空间域"特征的"社会域"影响；通过相互作用机制的分析，得出当前西安周边乡村公共空间"社会域"和"空间域"存在的具体问题。这一部分研究主要分析乡村公共空间"空间域"与"社会域"相互作用机制，主要解决的是本书学科问题的第二个子问题。

　　5. 优化策略设计部分。基于社会空间统一体理论，结合"社会域"和"空间域"的具体问题，分别从"社会域"和"空间域"两个方面拓展设计西安周边乡村公共空间优化策略，其中，"社会域"优化策略包括意识形态深层、社会规范中层和日常活动表层三个方面，"空间域"优化策略包括宏观层面、中观层面和微观层面三个方面，最后给出"社会－空间"一体优化策略运用的总体原则与一般流程。这一部分研究主要设计乡村公共空间"社会－空间"一体优化策略，主要解决的是本书学科问题的第三个子问题。

3 西安周边乡村公共空间演变研究

　　窥视乡村公共空间的演变历程，才能更好地把握乡村公共空间的未来。要想更为深刻地理解西安周边乡村公共空间现状，梳理新时期公共空间优化的内在逻辑，设计更为合理的公共空间优化策略，有必要掠过历史的天际线去考察其演变过程中的重要节点和相关现象，从而正确揭示乡村公共空间的演变规律，准确把握其演变过程中的作用因素，进而为深入剖析当下乡村公共空间的优化和转型提供借鉴。

　　关于乡村公共空间演变方面的研究，已在本书第1章国内外研究现状的乡村公共空间演变及其影响因素中描述。这些关于乡村公共空间演变的研究都在一定程度上提及了社会因素对乡村公共空间形态演变的影响，但都没有专门从乡村社会结构变化的视角来透视公共空间的演变，而根据社会空间统一体理论与空间生产理论的核心观点，空间关系是社会关系的呈现和表示[139]，可以得出影响乡村公共空间演变的核心要素就是乡村社会结构。

　　为此，本章在描述西安周边乡村概况的基础上，以乡村社会结构为切入点对乡村公共空间演变进行分析研究，以乡村社会结构的演变作为时间划分标准，通过文献解读与现场深入调研访谈相结合的方法，还原西安周边乡村不同时期的乡村社会结构及其公共空间的变化特征，并基于社会空间统一体理论，剖析西安周边乡村公共空间的演变规律及启示。

3.1 西安周边乡村概况

西安，古称长安或镐京，位于关中平原中部，南和东南以秦岭山脉主脊为界，西以黑河之西太白山及青化台塬为界，北以渭河为界，东北大致以荆山黄土台塬为界，东以零河和灞源山地为界[140]。西安地区共有 2064 个行政村，见表 3.1，包含 7078 个自然村，乡村人口 260 余万。西安周边乡村遍及西安所有涉农的区县，以下主要从自然环境、历史人文、产业经济来描述西安周边乡村概况。

2019 年西安市行政村数量统计表　　　　表 3.1

地区	灞桥区	未央区	雁塔区	阎良区	临潼区	长安区	高陵区	鄠邑区	蓝田县	周至县	西咸新区
行政村数量	113	52	61	73	226	294	86	245	337	264	313
总计：2064 个											

（表格来源：《西安市统计年鉴 2020》）

1. 自然环境

西安位于秦岭和渭河之间，整体呈现南高北低的地势，山地与平原界线分明，使得西安周边乡村的地貌以秦岭山地和渭河平原为主，另外还有部分黄土台塬和丘陵的地貌。因此，按照自然地貌可将西安周边乡村划分为[141]：平原型乡村、台塬型乡村、丘陵型乡村和山地型乡村，不同类型乡村的地貌特征和分布情况，见表 3.2，不同自然地貌造就西安周边乡村多样的景观风貌[141]。此外，整个西安地区处于东南沿海湿润气候向西北内陆干旱气候的过渡区域，属于暖温带半湿润的季风气候，四季分明。

不同类型西安周边乡村的地貌特征与分布情况　　　　表 3.2

乡村类型	地貌特征	分布情况
平原型乡村	海拔 300～700m，地势平坦开阔，河流众多，经过常年的搬运与堆积，使得土层深厚，土壤肥沃	西安地区中部
台塬型乡村	海拔 400～800m，有陡峭破碎的台塬与平缓开阔的台面，渭河南侧和北侧的台塬分别为断续和连续分布	渭河南北两侧
丘陵型乡村	海拔约 500～1200m，下部为基础的石质山体，上部为易被侵蚀的黄土地质，整体沟壑纵横，沟谷处地形破碎	蓝田县与临潼区的横岭地区
山地型乡村	海拔约 1200～3700m，山高谷深，地形多变，大部分地区的基岩破碎，而乡村集中分布在浅山地带和地势较为平缓的沟谷地区	鄠邑区、长安区、周至县和蓝田县南部

（表格来源：改绘自参考文献 141）

2. 历史人文

西安是世界四大文明古都之一，拥有 3000 多年的发展历史，先后共有 13 个王朝在此建都，不为都城的时期也是该地区中心城市，这使得其周边乡村拥有浓厚的历史人文底蕴。当前在西安周边乡村保存有大量的遗址古迹（如兵马俑、华清宫、汉长安城等）、宗祠庙宇（如香积寺、兴教寺、草堂寺等）、风景名胜（如骊山、翠华山、子午峪等）、古树名木、地方名品等历史文化资源，传承有大量的传统戏曲（如秦腔、眉户、碗碗腔等）、民间习俗（如社火、鼓乐、皮影戏等）、传统工艺（如面塑、柳编、木马勺脸谱等）、传统节日（如过会、乞巧节、腊八节等）等历史人文风情，此外，多数乡村还流传有历史名人故事，这些都是西安周边乡村发展建设中应该保护和利用的宝贵资源。

3. 产业经济

西安周边乡村拥有优越的地理区位和便利的交通条件，并且受西安城市化快速发展过程中资金、文化、科技、理念等要素的辐射影响，形成了较好的产业经济发展基础条件。当前西安周边乡村的产业结构以农业（如樱桃、猕猴桃、葡萄等）为主，乡村旅游及其相关服务业为辅，但在产业经济发展中也存在诸多问题，如种植业并未形成规模化、乡村旅游品质内涵普遍不高、第二产业发展相对滞后等，使得多数乡村年轻人选择外出西安城内务工，村民经济收入增长速度偏慢（西安市各区县乡村居民人均纯收入排序，见表3.3，其中雁塔区和未央区乡村的相关数据在统计年鉴上未显示），西安城乡居民收入差距呈现拉大趋势（如表3.4及图3.1所示），不利于农村消费市场的形成和发展。

2019 年西安市各区县村民人均纯收入排序　（单位：元）　**表 3.3**

地区	灞桥区	高陵区	长安区	阎良区	蓝田县	临潼区	西咸新区	鄠邑区	周至县
收入	17969	16370	15928	15808	14731	14659	14027	13632	13137

（表格来源：《西安市统计年鉴 2020》）

西安市城乡收入水平概况（2015～2019 年）　（单位：元）　**表 3.4**

年份	城镇居民人均可支配收入	农民人均纯收入	城乡收入绝对差额	城乡居民收入比
2015	460490	137362	323128	3.35
2016	436641	150475	286166	2.90
2017	472436	140760	331676	3.36
2018	486358	124185	362173	3.92
2019	526465	136261	390204	3.86

（表格来源：《西安市统计年鉴 2016-2020》）

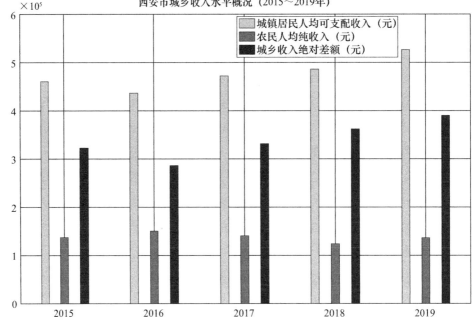

图 3.1 西安市城乡收入水平概况（2015～2019 年）

（图片来源：根据《西安市统计年鉴 2016～2020》绘制）

3.2 西安周边乡村公共空间演变分析

3.2.1 演变视角：乡村社会结构

乡村社会结构是指乡村内部成员的社会关系网络[142]，是各群体基于交流和契约的博弈、均衡而形成的相对稳定的客观联系和关系的结果[143]。乡村社会结构是一个相对抽象的概念，关于其所包含的要素，当前学术界没有统一的结论，本书依据其与乡村公共空间的影响关系，将其划分为社会治理结构、生产组织结构、生活组织结构、文化组织结构等。

在乡村社会的日常生活中，抽象的乡村社会结构是通过不同社会主体之间相互作用，并将作用关系逻辑进行具体化而产生，如：社会治理结构中不同主体的参与，具体化有政府主体、村民自治、市场经济干预等；生产组织结构中生产种类的选择，具体化有种植业、旅游业、加工业等；生活组织结构中生活方式的选择，具体化有消费生活、闲暇生活、政治生活等；文化组织结构中文化方式的选择，具体化有节庆活动、宗教信仰、红白喜事等。其中，社会治理结构是指在乡村社会治理过程中，国家、乡村各治理主体在一整套制度安排基础上形成的相互关系框架[144]，可为不同的乡村治理主体提供规则和行动范围，是整个乡村社会结构的核心要素，在一定程度上影响和决定了其他的社会结构要素。乡村社会结构包含的要素及其关系，如图 3.2 所示。

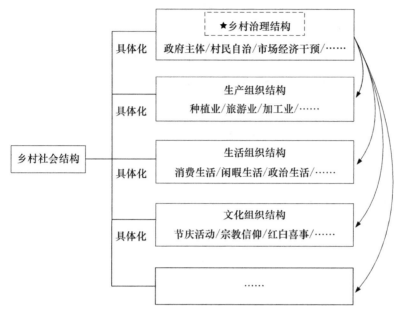

图 3.2　乡村社会结构示意图

因此，本书选取乡村社会结构中的社会治理结构为切入点对西安周边乡村公共空间演变进行分析研究。具体以社会治理结构的变迁作为整体演变过程时间节点的划分标准，初步将近代以来划分为以下四个阶段：新中国成立前（1949 年前）、计划时期（1949～1978 年）、改革开放初期（1978～2005 年）、新时期（2005 年至今）。

3.2.2　新中国成立前（1949 年前）社会结构及其公共空间特征

3.2.2.1　社会结构：以乡绅为核心、宗族主导

新中国成立前很长一段时间的中国是典型的农耕社会[145-146]，这一时期整个中国乡村社会状态是"皇权不下县，县下惟宗族，宗族皆自治，自治靠伦理，伦理造乡绅"，属于"县政绅治"阶段，乡绅是当时乡村社会结构的核心。西安周边乡村的社会结构，正如陈忠实的小说作品《白鹿原》[147]描述的，当时白鹿原地区乡村是以"四位先生"为代表的典型"乡绅治村"运作机制。可以得出当时乡村治理的主体是乡绅，整个乡村社会生活的维系主要依靠乡村内

部不断发展壮大的宗族组织和共同遵守的村规民约，本质上是德治，宗族制度是其重要保障。

由于这一时期国家行政干预权力较少，自治的宗族组织日益增强，内外双重合力下导致西安周边乡村社会结构是以乡绅为核心、宗族主导的格局。当家族人数超过一定数量时，二代乡绅便组织队伍在邻村选址，新的宗族组织便形成，但其与核心宗族组织有着密不可分的关系。整个宗族结构犹如一棵大树，"核心宗祠"形成主干，"支祠"形成枝杈，枝杈不断分化又形成新的树枝[148]，这个时期乡村社会结构示意图，如图3.3所示。

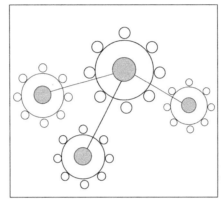

图例：
○ 村民
● 宗族乡绅

图 3.3　新中国成立前乡村社会结构示意图

3.2.2.2　公共空间特征：内生型公共空间繁荣发展

新中国成立前的乡村社会结构导致其是一个封闭社会，乡村公共空间生成并无更多外力驱动，是一种自发形成的模式，能够满足村民日常生产、生活、娱乐、信仰方面的需求，功能与形式达到契合，公共空间呈现出内生型繁荣发展态势，如图3.4所示。这一时期西安周边乡村的公共空间，有祠堂、戏楼、书院等，都是村民为了满足日常活动需要而自发构建，热闹非凡，正如小说《白鹿原》中对乡村戏台的描述"……请来了南塬上久负盛名的麻子红戏班连演三天三夜，把在贺家坊之前演过戏的大村大户压倒了苫住了，也把塬上已经形成的欢乐气氛推到高潮……"[147]。

基于以上分析，西安周边乡村公共空间布局大多以宗祠、戏楼、书院等公共建筑结合少量乡绅宅院为核心，向外扩散分布着若干圈层的普通民居，如当时西咸新区大王街道凿齿南村主要公共空间的平面布局，如图3.5所示。因此，可以抽象出这一时期主要公共空间与民居平面布局示意如图3.6所示，能够看出这种公共空间的聚落布局具有较好的向心力。

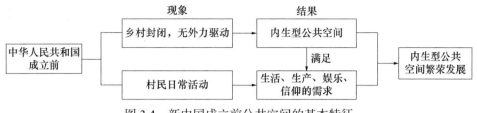

图 3.4 新中国成立前公共空间的基本特征

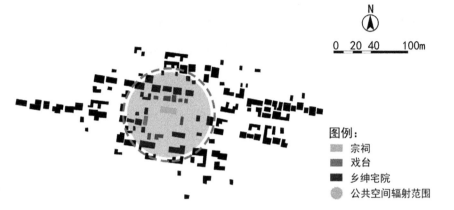

图 3.5 新中国成立前凿齿南村主要公共空间平面布局

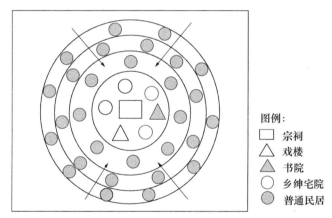

图 3.6 新中国成立前主要公共空间布局示意图

3.2.3 计划时期（1949～1978 年）社会结构及其公共空间特征

3.2.3.1 社会结构：扁平化

计划时期的大部分时间，国家实行城乡二元制，需要对乡村资源进行高效、大规模并持续地汲取来推进工业的发展，国家政权下沉，通过人民公社对乡村实行全面控制和干预，当时的乡村社会是"从主要是家族血缘或地缘认同为基础的社会生活共同体转变为以集体产权或经济为基础的生产和经济共同体；从一种自然或自发形成的社区共同体转变为由国家权力深度干预和控制而形成的政治共同体"[149]。村民所有活动都在人民公社的支配下进行，乡村的生产、生活、信仰被不断政治化，自主性严重弱化。另外，在这种"政社合一"和"三级管理"体制下，国家权威严重冲击了坚韧的"宗族权威"势力[150]，迅速压制乡绅、宗族等团体组织，使其最终濒临解体。这一时期，西安周边乡村与全国乡村社会结构趋同，人民公社对村民实行均等而无差别的支配，村民的生产生活同质化，整个乡村社会结构呈现出高度的扁平化，如图3.7所示。

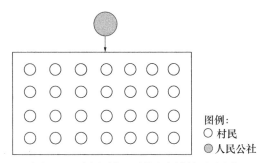

图例：
○ 村民
⬤ 人民公社

图 3.7 计划时期乡村社会结构示意图

3.2.3.2 公共空间特征：行政控制型公共空间异化

这一时期国家行政权力控制着整个乡村社会，村民的命运与政治和生产紧紧相连，与此相对应的乡村公共空间带有很强的政治性和生产性，本书将这些公共空间称为行政控制型公共空间。具体表现为以下两个方面：

一方面，由于受到政治的全面控制以及集体生产制度的影响，村民的社会活动也只是单一模式的推广，不再依赖传统公共空间进行集体力量的凝聚，使得新中国成立前形成的传统内生型公共空间遭到一定的弱化，如：这一时期的宗祠、戏台等，由于使用频率较低，遭到闲置、摧残甚至破坏。另一方面，由于当时乡村行政控制和集体生产的需要，出现了很多政治型和生产型公共空间，如大队部、供销合作社、露天电影院等[157]，由于高度的组织性和纪律性，公共空间呈现活动性很强的特征。从与耆老的访谈中也可以得出，灞桥区席王街道西张坡村以及长安区太乙宫街道白沙湾村当时都出现过热闹非凡的露天电影院、工农交易集市等（访谈时间：2019年11月4日和2020年7月9日）。

综上，由于该时期出现了很多行政控制型公共空间，虽其活动性较高，但都是强制性活动，并不是村民自发需求，因此公共空间处于异化状态，如图3.8所示。

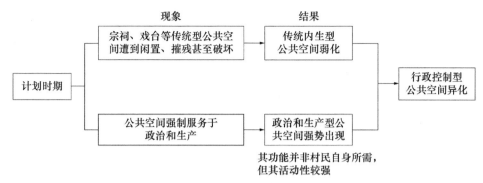

图 3.8　计划时期公共空间的基本特征

　　基于以上分析，西安周边乡村传统内生型公共空间遭到一定的弱化，而行政控制型异军突起并均质化分布于民居（计划时期，人口数量迅速增长，民居蔓延速度较快，但是民居都是本着"居住均等"的原则[151]由集体出资建设，因此，民居的布局显现出单一化、均质化）之中，并且为了方便公共集体活动，主要公共空间一般位于乡村的中心位置，如当时的蓝田县九间房镇张家坪村主要公共空间平面布局，如图 3.9 所示。可以抽象出这一时期主要公共空间与民居平面布局示意如图 3.10 所示，与新中国成立前同心圆布局的公共空间相比，这个时期公共空间受外力所致而非之前的向心力模式。

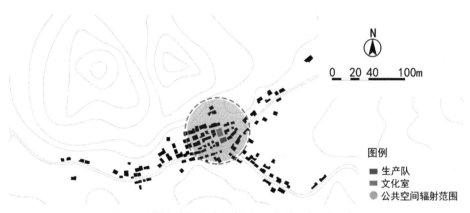

图 3.9　计划时期张家坪村主要公共空间平面布局

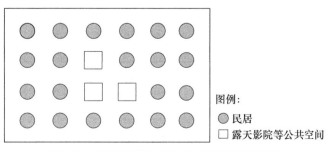

图 3.10　计划时期主要公共空间布局示意图

3.2.4 改革开放初期（1978～2005 年）社会结构及其公共空间特征

3.2.4.1 社会结构：原子化

改革开放以后，人民公社消亡，国家进入了"乡政村治"[152-153] 阶段。同时，国家逐渐实行家庭联产承包责任制[154]，经济体制由计划经济开始向社会主义市场经济转变。这一时期的乡村社会结构，具体表现为以下两个方面：

一方面，这一时期作为基层政权的乡镇只是在征收农业税和公共产品供给等方面影响着乡村，放松了对乡村社会集体的管理和控制，同时由于计划时期国家实行的全面控制，使得原有地方自治性宗族团体早已被动退出历史舞台，导致这一时期乡村双重治理主体缺位，乡村治理处于弱化状态。另一方面，强调"统分结合，双层经营"的家庭联产承包责任制的实行，村民以家庭为单位，向集体经济组织（主要是村、组）承包土地进行生产经营，但在实践过程中，更多的演变成有"分"无"统"，有"单干"无"合作"，有"家庭"无"集体"，并且随着市场经济的实行和兴起，乡村逐渐对外开放，村民外出务工，个体化意识逐渐增强，集体意识逐渐淡化。西安周边乡村也是如此，正如在灞桥区狄寨街道金星村访谈中另一个耆老谈到："……过去村民的思想都很好，改革开放以后，这种风气慢慢就变了，很多时候，村民往往因为一点小小的利益，相互争吵，甚至大打出手……"（访谈时间：2019 年 11 月 7 日）。

综上，这一时期乡村治理的弱化以及村民集体意识的淡化，导致了乡村社会结构的松散，整个乡村社会呈现出原子化状态，如图 3.11 所示。

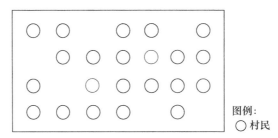

图 3.11 改革开放初期乡村社会结构示意图

3.2.4.2 公共空间特征：公共空间全面衰退

首先，由于乡村社会结构的原子化，计划时期的集体活动被家庭活动替代，乡村的集体凝聚力大大削弱，乡村集体活动迅速减少，内部的组织力下降，原本在计划时期新建的行政控制型公共空间逐渐消亡，西安周边乡村的大队部、露天电影院等在这一时期逐渐消失。

其次，科学技术的飞速发展，使得部分传统公共空间的功能被替代，并加速消亡。如：空调、电风扇等新技术设备的购入，使得古树乘凉休息的功能被逐步替代，失去活力；自来水的使用，使得水井取水的功能被替代，无法像传统时期聚集民气；电视机、电脑等大众传媒的逐渐普及，通过公共空间来交换信息的功能逐渐被替代。在访谈中可以得出西安周边乡村从 20 世纪 90 年代开始，村里的古井等传统公共空间逐渐废弃。

最后，市场经济使得乡村逐渐开放，人口流动加速，一部分村民选择外出务工或者经商，实现异地城镇化，公共空间活动的主体逐渐缺失，西安周边乡村从 20 世纪 80 年代开始，陆续就有村民外出务工，村里人口明显下降。

综上，计划时期特有的行政控制性公共空间不复存在，部分传统内生型公共空间功能被替代，以及乡村公共空间活动的主体减少，使得这一时期西安周边乡村公共空间的基本特征是全面衰退，如图 3.12 所示。

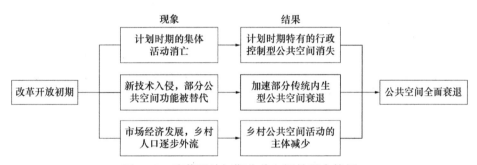

图 3.12　改革开放初期公共空间的基本特征

基于以上分析，改革开放初期西安周边乡村的公共空间全面衰退，同时由于治理弱化，传统民居无限扩张[151]，在自家住宅边的空地新建住宅，占用公共用地，使得乡村原来必要的公共空间也被挤占，如当时灞桥区狄寨街道金星村主要公共空间平面布局，如图 3.13 所示，可以抽象出这一时期主要公共空间与民居平面布局示意如图 3.14 所示，这个时期整个乡村公共空间只是零星分布。

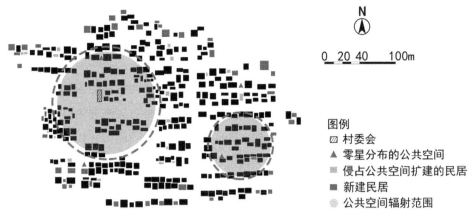

图 3.13　改革开放初期金星村主要公共空间平面布局

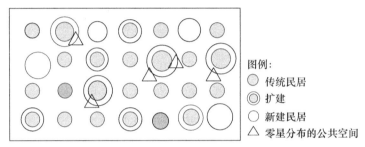

图 3.14　改革开放初期主要公共空间布局示意图

3.2.5　新时期（2005 年至今）社会结构及其公共空间特征

3.2.5.1　社会结构：行政强干预，乡村弱自治

2005 年 10 月，党的十六届五中全会提出全面启动社会主义新农村建设，国家进入"以工促农、以城带乡"的新发展阶段，国家对乡村从资源汲取转变为自上而下的资源输入，乡村发展迎来新契机，国家以项目制和财政转移支付的方式参与乡村公共服务设施建设，这种国家资源对乡村的输入极大增强了县（区）、乡（镇）对乡村的控制和支配能力，村干部行政化趋势增强，国家行政再次干预乡村。近年来，在西安市及其各个区县政府的支持下，西安周边乡村出现了很多乡村建设项目。

另外，随着《中华人民共和国村民委员会组织法》的不断修订完善，各种制度逐步完善，乡村自治的法律保障进一步健全，同时村民整体素质不断提升，乡村自治逐步走上正轨，但也存在普通村民缺乏主体意识，其对村务管理和监督的参与存在机会少、难度大的问题[155]，很多乡村制定的村规民约逐步实施，但也存在缺乏监督管理等诸多问题。如从 2016 年 9 月开始，为了提高乡村的自治水平，西安市灞桥区乡村就探索试点了村民"自治"与"德治"相结合的"户长制"[156]，取得了一定效果，但由于缺乏相关的考核和激励机制，其后期发展也存在瓶颈；另外，在对村民的访谈过程中，问及村口的村规民约时，很多村民也谈到"……这是村里统一弄的，几乎每个村都有，具体内容也没有仔细看过……"（访谈时间：2019 年 12 月 4 日）。

综上，国家行政再次强势干预，以及乡村自治水平有所提升但仍然偏弱，使得这个时期西安周边乡村的社会结构是行政强干预下的弱自治模式，如图 3.15 所示。新时期西安周边乡村公共空间相关"社会域"具体现状在本书后续章节中会详细描述。

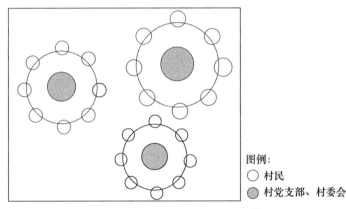

图例：
○ 村民
● 村党支部、村委会

图 3.15　新时期乡村社会结构示意图

3.2.5.2　公共空间特征：新建公共空间离散化

在这种行政强干预、乡村弱自治的社会结构下，政府自上而下进行资源输入参与乡村公共空间的建设，其在公共空间的类型、选址、形态等方面拥有绝对的主导权。在这种政府单向推动的模式下，乡村公共空间的特点具体表现为以下两个方面：

一方面，新建公共空间活力不足。乡村公共空间的使用主体是村民，而实际建造者则是地方政府和规划设计师，公共空间的使用者不是公共空间的建造者，造成作为使用者的村民只能被动接受，这种自上而下的资源输入与村民自下而上的需求往往脱节，导致这一时期新建乡村公共空间大多活力不足，使用率低下。访谈过程中，关于村里的新建广场，很多村民也谈到"……平常也不去，这些地方主要是上面来检查的时候看的……"（访谈时间：2020 年 4 月 19 日）。另一方面，新建公共空间地域文化缺失。传统公共空间通过其自身的形式和承载的社会活动，成为体现乡村地域文化的窗口，而当下的乡村规划建设，更多的是照抄、照搬城市建设模式，更多以形式美为建设原则，大尺度广场、各种运动健身设施、行政中心等，成为乡村公共空间建设的标准样板，而残余部分传统公共空间也成为被改造的对象，或者被改造消失，或者被过度改造，使得能够体现乡村固有行为活动的地域文化承载空间消失，传统文化断裂，进而切断人们对于乡村的记忆。西安周边乡村中多数都有水泥硬质的大广场，醒目的政治标语，以及标配的健身设施，造成具体乡村特有的地域文化失语。

综上，新建公共空间普遍活力不足及其地域文化的缺失，使得该时期公共空间处于离散化状态，如图 3.16 所示。新时期西安周边乡村公共空间相关"空间域"具体现状在本书后续章节中会详细描述。

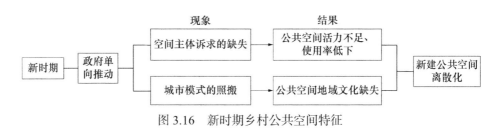

图 3.16　新时期乡村公共空间特征

基于以上分析，这一时期西安周边乡村公共空间都是行政强势干预下基于新农村规划或者整治工程基础上建设的，这些新建核心公共空间的尺度一般较大，传统公共空间消失殆尽，而乡村民居建设也是在统一规划图下进行，显得整齐划一，如灞桥区席王街道西张村部分村民从塬下搬迁至塬上，整齐的房屋，统一规划的大尺度广场，其主要公共空间平面布局，如图 3.17 所示。可以抽象出这一时期主要公共空间与民居平面布局示意如图 3.18 所示，这一时期公共空间特征是统一化、规模化，新建广场普遍尺度较大。

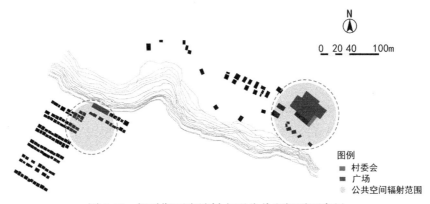

图 3.17　新时期西张坡村主要公共空间平面布局

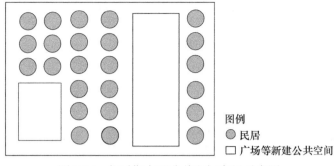

图例
⊙ 民居
□ 广场等新建公共空间

图 3.18　新时期主要公共空间布局示意图

3.3　西安周边乡村公共空间演变规律分析及启示

3.3.1　乡村公共空间演变规律分析

以上基于社会空间统一体理论探讨和分析了西安周边乡村近代以来乡村社会结构演变及其公共空间的特征响应，探寻了它们之间的耦合关系，并详细描述和分析了它们之间的关联响应机制，即乡村社会结构是如何在纵向的历史演变中对公共空间进行物化的，旨在为新时期乡村社会结构及公共空间的优化研究提供参考和借鉴，从而为乡村振兴的相关研究提供新思路。

西安周边乡村社会结构在时间维度上不断嬗变，衍生出以乡绅为核心、宗族主导，扁平化，原子化，行政强干预、乡村弱自治四种社会结构类型。乡村社会结构演变的表层原因是，不同乡村社会主体（如政府、乡绅、村民、市场等）之间的权能博弈和互动，而深层原因是国家顶层规划发展的需要，由新中国成立初期农村支持城市的资源汲取式的乡村社会结构，转为新时期农业农村优先发展的反哺式的乡村社会结构。而与四个阶段乡村社会结构相对应的公共空间先后体现出了内生型公共空间繁荣发展、行政控制型公共空间异化、公共空间全面衰退以及新建公共空间离散化的基本特征。各个时期的乡村公共空间特征与该时期乡村社会结构具有很强的关联性，不同的乡村社会结构导致不同的公共空间特征，其本质是当乡村社会结构发生变化时，原有的公共空间因缺乏对应的内在逻辑而衰落，进而呈现出新的特征，而公共空间的更新和特征变化，实质上是对新空间与新乡村社会结构的再关联，如图 3.19 所示。

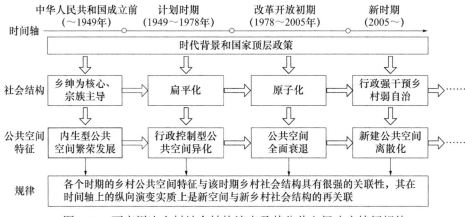

图 3.19 西安周边乡村社会结构演变及其公共空间响应特征规律

3.3.2 相关启示

纵观近代以来不同时期西安周边乡村社会结构演变及其对应的公共空间响应特征，可以得到以下三点启示：

一是需要从优化乡村社会结构来进行公共空间的优化。由于乡村社会结构的关系逻辑变化会导致不同的公共空间特征，在乡村公共空间优化中，需要从乡村社会结构的优化入手，从乡村社会结构顶层制度层面正确引导多元利益主体的配合和协作。如构建乡村公共空间多元利益主体基于价值认同的共商共治机制，该机制的关键是基于共同利益基础上的价值认同，只有建立根植于村民内心的价值认同，才能将其他利益主体的位置转变为与村民并肩作战的共同参与人，才能使多元利益主体协同关联。

二是可以借鉴并创新传统的智慧来进行乡村社会结构的优化。新中国成立前以乡绅为核心、宗族主导的乡村社会结构下，乡村内生型公共空间繁荣发展，这一时期的公共空间功能与村民日常的生产生活形式是契合的，新时期可以借鉴并创新这一传统智慧来优化当前的乡村社会结构[157]，如新乡贤（培育乡村精英）返乡以合理的方式参与乡村建设与管理[158-160]。新乡贤是自下而上参与公共空间优化的主体，这就是在传统智慧影响下对当前乡村社会结构的一种优化。

三是需要注重乡村公共空间的重构对社会结构优化的反作用。乡村公共空间物质态的优化可以有效提升村民对公共事务、公共文化的参与度，在无形中形塑乡村社会秩序，对于乡村社会整合进而优化乡村社会结构具有正向功能，是当下"国家强干预、乡村弱自治"治理格局下实现乡村内源式发展的一种新的可能，也是破解当下公共空间离散化难题的一种新的尝试。如：挖掘乡村地域文化，构建适合传统民俗活动的、具有集体记忆的公共空间，引导村民自主进行集体活动，可以对乡村中不同家庭交往模式和村民传统记忆的回归产生积极影响，从而促进乡村社会的重联和乡村共同体的构建。

3.4　本章小结

本章对西安周边乡村公共空间演变进行研究，描述了西安周边乡村自然环境、历史人文、产业经济等概况，在社会空间统一体理论的指导下，以乡村社会结构为演变视角，详细描述并深入分析西安周边乡村近代以来四个阶段的社会结构及其公共空间响应特征，从而揭示了西安周边乡村公共空间的演变规律，并给出相关启示，演变规律及相关启示的分析可为深入剖析西安周边乡村当下公共空间的优化提供很好的借鉴与参考。

4 乡村公共空间村民需求提取与分析研究

在乡村公共空间的演变历程中，村民始终是其使用主体，而当前西安周边乡村公共空间出现了离散化现象，其本质是当前乡村公共空间功能形态与村民实际生产生活不相匹配，导致村民需求得不到满足。而乡村公共空间优化的目的就是缓解或解决这种离散化现象，因此，乡村公共空间优化的首要工作就是挖掘村民对乡村公共空间的需求，即提取与分析乡村公共空间村民的需求。明确乡村公共空间村民需求，是西安周边乡村公共空间优化最终所需要达到的目标，也是保证乡村公共空间优化有序开展的基础。

乡村公共空间的村民需求存在于村民的认知域中，受时间、场所、人员等因素的限制，难以通过观察现象去捕捉村民在空间中的各种行为和心理，只能以深入访谈的方式进行村民需求资料的收集，而这种方式收集得到的需求资料具有碎片化、具体化、随意化、个体差异化等特点，很难从这些零碎的需求资料中归纳总结形成系统全面的村民需求模型，因此，亟需引入一种能处理访谈文字材料、有规范流程指导、研究过程可追溯并且形成结论可信的一整套研究方法，来对乡村公共空间村民需求进行提取与分析。

为此，本章将扎根理论引入到对西安周边乡村村民关于公共空间需求的质性分析中，根据程序化扎根理论的整体流程，通过对西安周边乡村村民的理论采样并进行半结构式访谈，对收集的数据进行三级编码分析，从而构建西安周边乡村公共空间村民需求的理论模型，最后借助结构方程模型对村民需求理论模型进行验证及影响因素的关联性分析，从而为西安周边乡村公共空间的优化提供相关目标，更好地指导乡村公共空间优化策略的有效设计。

4.1 村民需求数据收集

根据图 2.3 中程序化扎根理论整体流程的描述，首先需要进行西安周边乡村公共空间村民需求的数据采集，通过访谈记录形成相关文字材料，该步骤主要包括样本选取和资料收集两部分内容。

4.1.1 样本选取

由于扎根理论的数据采集和数据处理是迭代进行的，其样本选取发生在初始选取和理论未饱和的情况下补充采样两个阶段，因此，整个样本选取的过程也是一个不断循环迭代的过程，样本的数量没有事先约定，只有当理论饱和后才会停止采样。

通过对 40 个西安周边样本乡村进行分析，结合需要建构乡村公共空间村民需求理论模型这一目标，有目的地对村民进行抽样，重点选取长期在乡村生活、善于表达且对村中公共事务较为关心的村民作为样本，并对具有以上特点的村民采用分层抽样（Stratified purposeful sampling）的方法，保证样本乡村村民在文化程度、职业、年龄、所在区县等方面都具有代表性和差异性。访谈中每一轮迭代选择的村民样本数量为 20～24 人，通过 6 轮迭代，理论达到饱和，最终获得的研究样本数量为 136 人，这 136 人的信息统计，见表 4.1。

样本村民信息统计一览表　　　　　　　　　表 4.1

分层抽样类型	分层抽样类型中的内容	人数	占比
性别	男	56	41.2%
	女	80	58.8%
年龄	20 岁以下	10	7.4%
	21～40 岁	52	38.2%
	41～60 岁	46	33.8%
	60 岁以上	28	20.6%
文化程度	小学及小学以下	48	35.3%
	初中	40	29.4%
	高中	40	29.4%
	大学及大学以上	8	5.9%
职业	务农（主要从事果园、农田、玉米等产业）	36	26.5%

分层抽样类型	分层抽样类型中的内容	人数	占比
职业	农民工（主要是白天城内打工，晚上回村休息）	22	16.2%
	个体户（主要是农家乐、小卖部等的老板）	16	11.8%
	管理人员（主要是村干部和队长）	24	7.6%
	学生（主要是指中学生）	10	7.4%
	无业（主要是不劳作的老者）	28	20.6%
所在区县	灞桥区	29	21.3%
	长安区	29	21.3%
	鄠邑区	26	19.1%
	周至县	10	7.4%
	西咸新区	6	4.4%
	高陵区	14	10.3%
	蓝田县	5	3.6%
	临潼区	12	8.8%
	阎良区	5	3.6%

4.1.2 资料收集

在对样本乡村村民进行访谈过程中，采用了半结构化式访谈提纲，这样既可以避免结构式访谈的过于机械、缺乏弹性且难以深入的缺陷，又可避免无结构式访谈的过于随意、访谈费时费力的不足，而半结构式访谈提纲既能够让样本村民在规定范围内自由发挥，充分表达自己的思想，从而获取更全面深入的资料信息，又方便对结果进行定性定量分析[124-125]。

关于西安周边乡村公共空间村民需求的半结构式访谈提纲，其主要内容以"了解村民在哪些公共空间活动，具体是哪些活动""对现有公共空间的满意状况，是否满意，有何改进要求"和"意识中和理想中的公共空间是怎么样的"这三个方面为导向，其主干提纲的相关问题、目的和作用，见表4.2。在访谈过程中以该主干提纲上的内容为主，并根据实际访谈情况进行灵活调整，访谈采用面对面问答的形式，每个样本村民的访谈时间控制在20～30分钟，访谈在征得村民同意后实行全程录音，在访谈结束后及时整理成原始材料并制作备忘录（一个样本村民的部分访谈备忘录，如图4.1所示）。经过6轮迭代访谈，最终确定了 136 份样本，共计 20 余万字的访谈备忘录。

访谈提纲设计　　　　　　　　　　　表 4.2

访谈主题	相关问题	目的	作用
行为活动 （使用诉求）	您平常经常去村委会广场、运动广场吗？日常邻里之间空闲时间一般会在哪里一起活动（比如：闲聊、健身、休息等）？红白喜事、祭祀、庙会等重大活动主要在什么地方举行？村里除了规划设计的公共空间还有哪些可以进行公共活动的地方？这些地方会有哪些活动？	了解村民日常乡村公共空间使用情况	从村民日常活动入手，创造轻松的访谈氛围
现有公共空间状况（公共空间认知）	公共空间的选址布局、功能、环境等方面，您觉得还满意吗？您觉得有什么不足？您认为应该在哪些具体的方面进行改进？您认为现在的这些公共空间能否满足日常活动和特殊仪式的需求？	了解村民当前对乡村公共空间的使用情况、满意程度、改进需求等	进入主题，通过访谈导出村民对公共空间的现实感受
意识中和理想中的公共空间状况（满意度表达）	您对乡村公共空间的理解是什么样的？您可以说下记忆中公共空间发生了哪些变化？您期望的公共空间是什么样的？	了解村民对以前乡村公共空间的印象和对未来乡村公共空间的期望	深入探讨村民印象中和理想中的乡村公共空间状况，开放式回答，避免引导受访者
样本村民背景	性别，年龄，文化程度，职业，所在县区	了解村民的基本信息	最后提出，以免村民的防备心理导致访谈结果不真实、不全面

问：村委会门前的大广场，你们经常去吗？您觉得怎么样？（属于访谈提纲中的现有公共空间状况）

答：这个广场修得好啊，很大，很气派，还有电视宣传报道呢，但是离我们还有点远，基本不去，其他人去的也少，平常基本用的少，整个广场太空旷，没有什么大树，夏天有点热，还有广场上那个房子（观景台），我们基本不上去，天天生活在这里，有什么好看的，外面的人过来，也许会上去看看，由于平常维护的人不多，现在二楼都是灰尘，其实这就是一个形象工程。

图 4.1　样本村民的部分访谈备忘录示例

4.2　村民需求数据分析

　　数据分析过程是整个扎根理论的核心步骤，该过程又称为编码（coding），是一个循序渐进的过程，根据图 2.3 中程序化扎根理论整体流程的描述，其数据分析部分可分为三级编码，即开放式编码、主轴式编码和选择式编码。三级编码的主要任务是对村民访谈的备忘录文字进行分解、提炼、综合，形成为概念、范畴和核心范畴。

4.2.1　一级编码：开放式编码（Open Coding）

开放式编码作为程序化扎根理论编码分析的初始步骤，要求研究人员以一种开放的心态，尽可能"悬置"个人的"偏见"和专业研究领域的"定见"，将收集到的资料按照其自身所呈现的状态进行编码。其过程遵循"定义现象—发展概念—发掘范畴"的分析逻辑[161]，就是将收集到的资料打散揉碎，逐字逐句地定义现象，通过不断比较现象之间的异同，将现象概念化，进而范畴化，最终引导核心范畴的形成。开放式编码需要不断修改编码内容以提高它们之间的契合度，其具体过程可分为以下三个步骤：

第一步，贴标签，即分析现象。将收集到的原始备忘录文本资料逐字逐句打散，将所代表的现象赋予"标签"，命名方式可以是词语或句子。通过对样本乡村村民20余万字的访谈备忘录进行贴标签，最终获取2000余个标签。

第二步，概念化，即界定概念。为了避免出现多个标签表示同一现象，将意思相近的标签进行归纳合并，并赋予相应概念。通过对2000余个标签进行合并近似项，最终获得500余个初步概念。

第三步，范畴化，即发现范畴。对初步概念进行进一步抽象提炼，将同属于一个类属的初步概念进行合并，使初步概念范畴化，使其更具指向性。由于得到的500余个初始概念相对庞杂，相互之间存在一定交叉，为了更加方便对初始概念进行范畴化，剔除出现频次低于2次的初始概念，同时还剔除个别前后矛盾的初始概念，通过对500余个初步概念按照一定类属进行合并，并进行剔除处理，最终得出18个初始范畴。

开放式编码最终得到的18个初始范畴为：可达性、卫生状况、乡村旅游业、高效农业、安全性、休闲农业、自然生态、设施种类、维护情况、礼仪习俗、娱乐活动、空间尺度、空间数量、设施数量、文化特征、观赏性、使用体验和管理水平。

整个开放式编码过程示意，如图4.2所示。

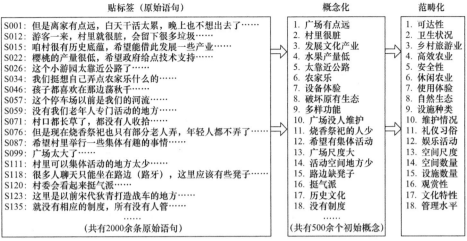

注：图中S***表示第***个样本村民的原话，由于篇幅较长，仅截取部分

图 4.2　开放式编码过程示意

4.2.2　二级编码：主轴式编码（Axial Coding）

主轴式编码是通过发现开放式编码得到的乡村公共空间村民需求各项范畴之间的潜在逻辑关系，并将所有初始范畴有机联系起来，从而进一步抽象提炼出主范畴[126]。基于开放式编码得到的 18 个范畴，在充分了解情景和对象的基础上，深入分析各范畴的属性，分析不同范畴之间的逻辑与相互关系，最终提炼归纳获得 5 个主范畴，分别是"布局选址""功能设施""文化精神""产业经济"和"管理维护"，见表 4.3。

主轴式编码生成的主范畴与初始范畴的对应关系　　　　　　表 4.3

主范畴	初始范畴	初始范畴说明
1. 布局选址	1. 可达性	公共空间的布点，方便所有村民步行到达
	2. 安全性	在公共空间活动需要有足够的安全感
	3. 空间数量	公共空间需满足村内不同区域人群的日常活动
	4. 空间尺度	公共空间的尺度应适宜活动
	5. 自然生态	公共空间应因形就势，尊重自然，保护自然
2. 功能设施	6. 设施种类	公共空间的功能设施类型应满足不同人群的不同需求
	7. 设施数量	公共空间的功能设施数量应满足村民的日常使用
	8. 观赏性	公共空间的功能设施设计应符合村民的审美
	9. 使用体验	公共空间的功能设施应注重村民的使用体验

主范畴	初始范畴	初始范畴说明
3. 文化精神	10. 文化特征	公共空间景观设计应该与地域文化特色结合
	11. 娱乐活动	公共空间应注重组织体育、舞蹈、棋牌等现代娱乐活动
	12. 礼仪习俗	公共空间应注重延续许多传统节庆和民俗表演活动
4. 产业经济	13. 乡村旅游业	公共空间应注重发展相应的文化景区和自然景区
	14. 高效农业	农产品应结合科学技术和现代经营方式，加速转型
	15. 休闲农业	开办采摘园、体验园等，利用闲置民房开办农家乐、民宿等
5. 管理维护	16. 管理水平	公共空间管理应有专门的规章制度
	17. 维护情况	公共空间各类功能设施应有日常维护保养
	18. 卫生状况	公共空间场地的卫生条件应有专人进行维护

4.2.3　三级编码：选择式编码（Selective Coding）

选择式编码就是寻找一个核心范畴，来统领和支配主轴式编码产生的主范畴，而且在一定程度上能解释主范畴的全部现象，在此基础上分析核心范畴与主范畴的关系，并以"故事线"的方式描述行为现象和脉络条件，其结果可以作为新的实质性理论产生的依据。其具体过程可分为以下两个步骤：

第一步，确定核心范畴。核心范畴是研究产生的主范畴相互联系的中心，是主范畴的高度概括与归纳。通过对布局选址、功能设施、文化精神、产业经济和管理维护5个主范畴进行深入研究并分析比较，发现"乡村公共空间的村民需求"可以作为本研究的核心范畴，来统领和概括所有5个主范畴。

第二步，寻找故事线。确定完核心范畴后，需要检验核心范畴能否统领和支配所有主范畴，需要寻找到一条"故事线"来串联所有主范畴，并解释所有现象。研究形成的完整故事线可以概括为：具有合理"布局选址"的乡村公共空间，应该部署多样性的"功能设施"，去满足村民的"文化精神"和"产业经济"需求，并通过后期的"管理维护"来保持乡村公共空间的品质，这些都构成了"乡村公共空间的村民需求"。

4.2.4　理论饱和度检验

格拉斯和斯特劳斯认为，当获取额外数据不能使研究者进一步发现新的范畴特征的时刻，可停止继续采样，此时得到的理论已经饱和[119]。为了检验当前理论的饱和度，进行了第 7 轮 20 个样本村民的访谈，按照相同的程序进行编码分析（即开放式编码、主轴式编码、选择式编码），结果显示，除了已经产生的 5 个主范畴，再无新的理论范畴，而且 5 个主范畴内部也未产生新的初始范畴，证明了当前构建的乡村公共空间村民需求理论模型已经饱和。

4.3　村民需求理论模型构建与描述

第 7 轮的迭代访谈及理论饱和度检验合格后，可以确定第 6 轮迭代访谈进行的选择式编码得出的核心范畴和"故事线"结果，可发展为西安周边乡村公共空间村民需求的实质性理论。因此，依据得到的 5 个主范畴和 18 个初始范畴，并假设主范畴之间是相互影响关联的，构建形成西安周边乡村公共空间村民需求的理论模型，如图 4.3 所示。

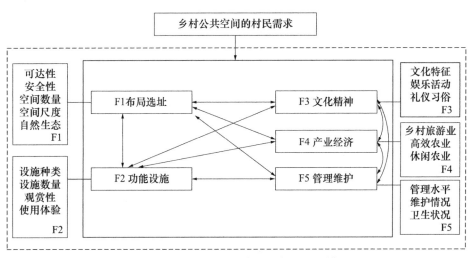

图 4.3　乡村公共空间村民需求的理论模型

在以上西安周边乡村公共空间村民需求理论模型中，各个主范畴对于村民需求的影响机制不同，村民需求理论模型的具体描述如下：

1. 布局选址。该主范畴是村民对公共空间的布点和选址需求，是乡村公共空间优化的基础和使用前提。其初步范畴的分析为：良好的可达性是村民日常使用公共空间的基本条件；公共空间到访距离与便捷程度还建立在充足的空间数量与合理的布局安排基础之上；临近公路等有安全隐患的公共空间普遍是不受村民欢迎的；合理尺度的公共空间更加吸引村民；此外，公共空间选址应因形就势，尊重自然并保护生态。

2. 功能设施。该主范畴是村民对公共空间中物质设施条件的需求，是相关多样化日常活动发生的基础条件。其初步范畴的分析为：村民对公共空间的功能需求是多元的，而公共空间上设施种类的齐全性和设施数量的充足性是村民多样化活动的前提；此外，公共空间上各类景观设施的可观赏性和较好的使用体验，显然可以更加吸引村民前往活动。

3. 文化精神。该主范畴是村民对公共空间所体现传统文化和现代文化的精神层面需求，是主导公共空间相关活动发生的内涵所在。其初步范畴的分析为：具有地域文化特征的景观显然更加能够提升村民对公共空间的归属感和认同感；此外，公共空间能够重联乡村社会，进而构建乡村共同体，都有赖于乡村公共空间上集体活动的经常性组织，而集体活动包括现代娱乐活动和传统礼仪习俗活动。

4. 产业经济。该主范畴是村民对公共空间优化能够连带提升生活水平的需求，是活动主体（即村民）不流失的实质保障之一。其初步范畴的分析为：村民更加渴望通过公共空间上的产业规划来提高其经济收入，改善其生活质量，产业规划包括依赖具有独特文化资源和生态资源的公共空间来发展乡村旅游业（如修建景区等），通过高技术引入农业来发展高效农业，以及将农业与旅游业适当结合来发展休闲农业。

5. 管理维护。该主范畴是村民对公共空间优化后运营管理的需求，是保证公共空间可持续使用的重要环节。其初步范畴的分析为：村民渴望公共空间始终保持高品质，需要有专门的管理制度和相关管理人员作为支撑；此外，在具体实施层面也需要对功能设施进行经常性保养和对场地卫生进行日常性维护。

4.4 村民需求理论模型的验证及关联性分析

本节采用结构方程模型（Structural Equation Modeling，SEM）[162]对村民需求理论模型进行验证，并对各个范畴的关联性进行分析，得出关键的主范畴与初始范畴。结构方程模型，是由瑞典统计学家、心理测量学家Joreskog于20世纪70年代中期提出，是一种基于变量协方差矩阵的统计方法，融合了"因素分析"与"路径分析"功能，主要用来分析各类因果模型的探索、辨识及验证。

村民需求理论模型验证及关联性分析的基本思路为：假设以理论模型中的 5 个主范畴作为影响乡村公共空间村民需求的因素，18 个初始范畴作为影响其对应主范畴的因素，构建相应的乡村公共空间村民需求量表，来进行数据收集及其信度和效度分析，之后假设 5 个主范畴之间是相互影响关系，来构建乡村公共空间村民需求影响因素的结构方程模型，将数据导入结构方程模型并进行一阶和二阶验证性因子分析，对乡村公共空间村民需求理论模型进行验证，最后以各影响因素之间的路径系数大小作为判断关联强弱的依据，给出相应的关联性分析结果。

4.4.1　数据收集和结构方程模型构建

4.4.1.1　村民需求影响因素量表的构建

基于扎根理论得出的西安周边乡村公共空间村民需求理论模型，并结合相关文献[126, 163-165]及领域专家关于乡村公共空间村民需求论述，以理论模型中的 5 个主范畴作为影响西安周边乡村公共空间村民需求的因素，分别是布局选址、功能设施、文化精神、产业经济和管理维护，并以理论模型中的 18 个初始范畴作为影响对应主范畴的因素。由于西安周边乡村公共空间村民需求的影响因素（即主范畴）不能直接测量，故将主范畴作为潜变量，而 18 个初始范畴能够反映对应主范畴并可以被显性观察，故将初始范畴作为反映对应主范畴的观测变量，构建的西安周边乡村公共空间村民需求影响因素的量表，见表 4.4。

西安周边乡村公共空间村民需求影响因素的量表　　　　表 4.4

	潜变量	观测变量
乡村公共空间村民需求影响因素	布局选址	可达性
		安全性
		空间数量
		空间尺度
		自然生态
	功能设施	设施种类
		设施数量
		观赏性
		使用体验

	潜变量	观测变量
乡村公共空间村民需求影响因素	文化精神	文化特征
		娱乐活动
		礼仪习俗
	产业经济	乡村旅游业
		高效农业
		休闲农业
	管理维护	管理水平
		维护情况
		卫生状况

4.4.1.2 数据收集与检验

村民需求理论模型验证及关联性分析的数据主要采用问卷调查的方式进行收集。以表4.5中观测变量为依据合理设置问卷题项，题项语言力求通俗易懂，不使用专业术语和具有导向性的词汇，方便村民理解，问卷题项的测度利用李克特（Likert）五级量表法，以"非常不重要、不重要、一般、重要、非常重要"分别对应1分至5分的评估值。以网络与现场两种形式发放问卷，网络发放采用问卷星形式，现场发放采用与村民交谈填写的形式。鉴于调查问卷要求，需要对乡村公共空间有基本的理解和认识，调查问卷发放的对象以有学历的中青年为主，剔除干扰问卷，最终获得有效问卷271份。

为确保问卷数据的有效性，以便下一步科学构建结构方程模型并进行模型验证及关联性分析，需要对问卷数据进行信度与效度的检验，具体采用SPSS 24.0软件对问卷数据进行信度和效度分析。

1. 问卷数据的信度分析

通常采用克隆巴赫系数（Cronbach's α）进行数据的信度分析，在一个可靠的量表数据中，α值大于0.7，子维度的α值大于0.6，并采用纠正指标的总相关系数（CITC）来净化量表，如果量表中某因素的CITC值小于0.3，且删除后α值得到提高，该量表中的因素将被删除。将271份调查问卷的数据进行信度分析，其各个维度的信度分析结果，见表4.5。

从表4.5中可以计算出整个量表的Cronbach's α值为0.884，其值大于0.7，而5个潜变量的Cronbach's α值分别为0.846、0.818、0.848、0.816和0.784，均大于0.6，且所有观测变量的CITC值均大于0.3，没有可删除项，说明目前量表的问卷数据的信度良好，通过信度检验。

潜变量	观测变量	*CITC*	删除项后 α 值	α 值	整体 α 值
布局选址	可达性	0.701	0.801	0.846	0.884
	安全性	0.634	0.820		
	空间数量	0.681	0.807		
	空间尺度	0.748	0.789		
	自然生态	0.510	0.849		
功能设施	设施种类	0.669	0.758	0.818	
	设施数量	0.650	0.766		
	观赏性	0.624	0.779		
	使用体验	0.628	0.781		
文化精神	文化特征	0.677	0.825	0.848	0.884
	娱乐活动	0.697	0.807		
	礼仪习俗	0.778	0.728		
产业经济	乡村旅游业	0.660	0.755	0.816	
	高效农业	0.609	0.805		
	休闲农业	0.738	0.676		
管理维护	管理水平	0.635	0.695	0.784	
	维护情况	0.547	0.785		
	卫生状况	0.694	0.628		

2. 问卷数据的效度分析

通常采用探索性因子分析进行问卷数据效度的分析，即通过问卷数据来检验数据可以测量到理论本质的程度。在进行探索性因子分析前，需要先通过 KMO（Kaiser-Meyer-Olkin）检验和巴特利特（Bartlett）球形度检验来检测问卷数据是否适合做因子分析，通常 KMO 数值大于 0.7 表示比较适合进行因子分析，其数值越大越适合；巴特利特球形检验的显著性小于 0.05，则表示比较适合进行因子分析，其数值越小越适合。在通过 KMO 检验和巴特利特球形检验后，需要采用主成分分析法和最大方差旋转法进行探索性因子分析，选取初始特征值大于 1 的观测变量（成分），如果这些成分的累计解释方差（即方差贡献率）超过 60%，且所有因子载荷均大于 0.5，则表示问卷数据通过效度检验。

将 271 份调查问卷的数据进行 KMO 检验和巴特利特球形度检验，其结果见表 4.6。可以得出，KMO 数值为 0.868，显著性为 0.000，都通过检验，表示量表数据可以进行探索性因子分析。

采用主成分分析法对 271 份调查问卷数据进行探索性因子分析，并使用最大方差法进行旋转。结果显示其中 5 个成分的初始特征值大于 1，且这些成分的累计解释方差为 69.449%，大于 60%，且因子载荷只有自然生态为 0.499，几乎接近于 0.5，其他因子载荷均大于 0.5，基本符合问卷数据的效度检验要求，无需删除任何观测变量。

KMO 检验和巴特利特球形度检验结果　　　　表 4.6

KMO 取样适切性量数		0.868
巴特利特球形度检验	近似卡方	2170.757
	自由度	153
	显著性	0.000

4.4.1.3　村民需求初步结构方程模型构建

数据通过效度与信度检验之后，将村民需求理论模型中的 5 个主范畴作为潜变量，18 个初始范畴作为观测变量，并根据村民需求理论模型的描述，假设潜变量之间具有双向影响关系，它们之间组成结构模型，而潜变量和观测变量之间具有单向影响关系，它们之间组成测量模型。基于以上描述和假设，利用 AMOS 23.0 绘制了西安周边乡村公共空间村民需求影响因素—阶结构方程模型，如图 4.4 所示。

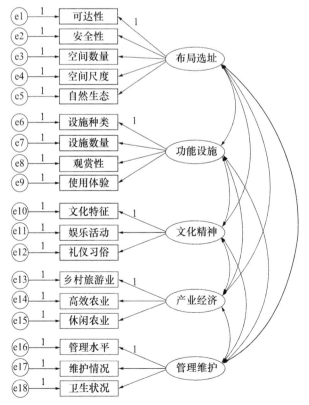

图 4.4　乡村公共空间村民需求影响因素的一阶结构方程模型

4.4.2　结构方程模型的验证性因子分析

本节将完成信度和效度检验的问卷数据导入乡村公共空间村民需求影响因素一阶结构方程模型，进行验证性因子分析，检验结构方程模型并得出各影响因素之间的关联强度。

4.4.2.1　一阶验证性因子分析

通常通过结构效度、收敛效度（即组合效度）和区分效度（即区别效度）来进行结构方程模型的一阶验证性因子分析。其中，结构效度主要检验结构方程模型的整体适配度和拟合度，主要检验指标和标准，见表4.7；收敛效度主要检验结构方程模型中某一构面（潜变量）内部的一致性，一致性越高越收敛，主要检验指标标准化因素荷载量、组合信度（Composite Reliability，CR）和平均方差萃取量（Average of Variance Extracted，AVE），一般要求标准化因素载荷大于0.6，CR大于0.7以及AVE大于0.5；而区分效度主要检验结构方程模型中构面（潜变量）之间的差异性，主要检验指标是潜变量的相关系数，要求潜变量自身的相关系数大于其与其他潜变量之间的相关系数。

一阶验证性因子分析模型的拟合度指标　　　表4.7

拟合指标		$\chi^2/\mathrm{d}f$	$SRMR$	TLI	CFI	GFI	$RMSEA$
拟合标准	良好	< 5	< 0.08	> 0.8	> 0.8	> 0.8	< 0.08
	优秀	< 3	< 0.05	> 0.9	> 0.9	> 0.9	< 0.05
拟合结果		1.357	0.050	0.974	0.978	0.937	0.036

注：$\chi^2/\mathrm{d}f$表示卡方自由比，$SRMR$（Standardized Root Mean square Residual）表示标准化残差均方根，TLI（Incremental Fit Index）表示增值拟合度指标，CFI（Comparative Fit Index）表示比较拟合度指标，GFI（Goodness of Fit Index）表示拟合度指标，$RMSEA$（Root Mean Square Error of Approximation）表示近似均方根误差。

将271份调查问卷的数据导入乡村公共空间村民需求影响因素一阶结构方程模型进行一阶验证性因子分析，其运行结果如图4.5所示。其结构效度指标值情况见表4.7，收敛效度分析情况见表4.8，区分效度分析情况见表4.9。

由表4.7～表4.9可以得出，拟合度指标值均达到良好以上标准，表明西安周边乡村公共空间村民需求影响因素的一阶模型通过结构效度检验；布局选址中自然生态的标准化因素载荷为0.58，非常接近于0.6，其他观测变量的标准化因素载荷均大于0.6，5个构面的CR值均大于0.7，AVE值均大于0.5，基本满足要求，表明该模型通过收敛效度检验；5个潜变量自身相关系数均大于其与其他潜变量之间的相关系数，表明该模型通过区分效度检验。因此，西安周边乡村公共空间村民需求影响因素的一阶模型通过效度检验，无须对该模型中的观测模型和结构模型进行调整和修正。

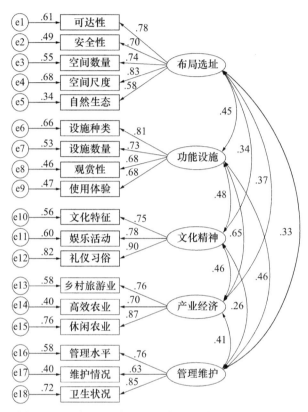

图 4.5　乡村公共空间村民需求影响因素一阶模型的验证性因子分析结果

一阶验证性因子分析模型的收敛效度分析表　　　　表 4.8

	估计参数					收敛效度			
	Unstd.	S.E.	t-value	P	Std.	SMC	1-SMC	CR	AVE
可达性←布局选址	1				0.782	0.611	0.389		
安全性←布局选址	0.888	0.074	12.067	***	0.739	0.547	0.453		
空间数量←布局选址	0.888	0.074	12.067	***	0.739	0.547	0.453	0.849	0.533
空间尺度←布局选址	0.947	0.068	13.89	***	0.827	0.684	0.316		
自然生态←布局选址	0.581	0.064	9.132	***	0.58	0.336	0.664		
设施种类←功能设施	1				0.811	0.657	0.343		
设施数量←功能设施	0.862	0.076	11.384	***	0.73	0.532	0.468		
观赏性←功能设施	0.807	0.074	10.863	***	0.681	0.464	0.536	0.818	0.530
使用体验←功能设施	0.677	0.062	10.953	***	0.684	0.468	0.532		

	估计参数					收敛效度			
	Unstd.	*S.E.*	*t*-value	*P*	*Std.*	*SMC*	*1-SMC*	*CR*	*AVE*
文化特征←文化精神	1				0.746	0.556	0.444		
娱乐活动←地域文化	1.083	0.088	12.355	***	0.777	0.604	0.396	0.852	0.659
礼仪习俗←地域文化	1.256	0.094	13.307	***	0.904	0.817	0.183		
乡村旅游业←产业经济	1				0.762	0.581	0.419		
高效农业←产业经济	0.887	0.081	10.924	***	0.698	0.488	0.512	0.823	0.610
休闲农业←产业经济	1.083	0.082	13.165	***	0.873	0.762	0.238		
管理水平←管理维护	1				0.759	0.576	0.424		
维护情况←管理维护	0.754	0.081	9.31	***	0.629	0.395	0.605	0.791	0.562
卫生状况←管理维护	1.077	0.098	11.022	***	0.846	0.715	0.285		

注：*Unstd.*（Unstandardized Estimates）表示非标准化因素载荷，*S.E.*（Standard Error）表示近似标准误差，*t*-value 即 *C.R.*（Critical Ratio），表示临界比率，*P* 表示显著性，*P* < 0.001 时显示 ***，*Std.*（Standardized Estimates）表示标准化因素载荷，*SMC*（Squared multiple correlations）表示多元相关平方。

一阶验证性因子分析模型的区分效度分析表 表 4.9

	布局选址	功能设施	文化精神	产业经济	管理维护
布局选址	0.730				
功能设施	0.450	0.728			
文化精神	0.343	0.483	0.812		
产业经济	0.369	0.651	0.457	0.781	
管理维护	0.335	0.460	0.264	0.412	0.750

4.4.2.2 二阶验证性因子分析

为了使整个模型更加精简，并得出各个主范畴与总目标的关联强度，需要在对模型进行一阶验证性因子分析基础上，进行模型的二阶验证性因子分析。通常二阶构面只有一个因素，二阶验证性因子分析需要进行结构效度检验和收敛效度检验，其检验指标和标准与一阶验证性因子分析相同。此外，通常二阶模型是一阶相关模型的简化，需要检验一阶相关模型能否被二阶模型所解释，即需要检验二阶构面是否真实存在，通常采用目标系数（Target coefficient）[162]来检验，目标系数＝一阶有相关模型的卡方值／二阶模型的卡方值，其值越接近于1，越能表示二阶模型能代表一阶相关模型，即越能证明二阶构面真实存在，一般要求其值大于 0.75。

以乡村公共空间村民需求影响因素为二阶构面，构建乡村公共空间村民需求影响因素二阶结构方程模型，并将 271 份调查问卷的数据导入该模型进行二阶验证性因子分析，其运行结果如图 4.6 所示。其结构效度指标值情况见表 4.10，收敛效度分析情况见表 4.11，一阶模型的卡方值为 169.611，二阶模型的卡方值为 172.666，其目标系数为 98.23%。

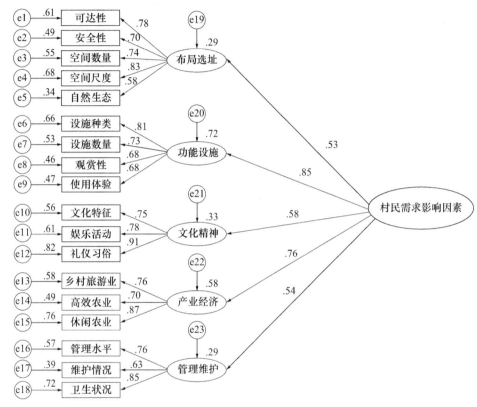

图 4.6　乡村公共空间村民需求影响因素二阶模型的验证性因子分析结果

二阶验证性因子分析模型的拟合度指标　　　表 4.10

拟合指标		$\chi^2/\mathrm{d}f$	SRMR	TLI	CFI	GFI	RMSEA
拟合标准	良好	< 5	< 0.08	> 0.8	> 0.8	> 0.8	< 0.08
	优秀	< 3	< 0.05	> 0.9	> 0.9	> 0.9	< 0.05
拟合结果		1.328	0.052	0.976	0.979	0.915	0.035

二阶验证性因子分析模型的收敛效度分析表　　　表 4.11

	估计参数					收敛效度			
	Unstd.	S.E.	t-value	P	Std.	SMC	1-SMC	CR	AVE
布局选址←村民需求影响因素	1				0.534	0.285	0.715	0.792	0.442
功能设施←村民需求影响因素	1.698	0.27	6.279	***	0.849	0.721	0.279		

	估计参数					收敛效度			
	Unstd.	*S.E.*	*t*-value	*P*	*Std.*	*SMC*	1-*SMC*	*CR*	*AVE*
文化精神←村民需求影响因素	0.961	0.173	5.557	***	0.578	0.334	0.666		
产业经济←村民需求影响因素	1.411	0.233	6.051	***	0.761	0.579	0.421	0.792	0.442
管理维护←村民需求影响因素	0.933	0.179	5.227	***	0.539	0.29	0.71		
可达性←布局选址	1				0.78	0.609	0.391		
安全性←布局选址	0.819	0.072	11.381	***	0.703	0.494	0.506		
空间数量←布局选址	0.891	0.074	12.052	***	0.74	0.548	0.452	0.850	0.534
空间尺度←布局选址	0.948	0.068	13.847	***	0.826	0.682	0.318		
自然生态←布局选址	0.583	0.064	9.132	***	0.58	0.337	0.663		
设施种类←功能设施	1				0.811	0.658	0.342		
设施数量←功能设施	0.861	0.075	11.405	***	0.729	0.532	0.468	0.818	0.530
观赏性←功能设施	0.807	0.074	10.873	***	0.681	0.464	0.536		
使用体验←功能设施	0.676	0.062	10.961	***	0.684	0.467	0.533		
文化特征←文化精神	1				0.744	0.553	0.447		
娱乐活动←文化精神	1.087	0.088	12.344	***	0.778	0.605	0.395	0.852	0.659
礼仪习俗←文化精神	1.26	0.094	13.358	***	0.905	0.819	0.181		
乡村旅游业←产业经济	1				0.762	0.581	0.419		
高效农业←产业经济	0.887	0.081	10.919	***	0.698	0.487	0.513	0.823	0.610
休闲农业←产业经济	1.083	0.082	13.158	***	0.873	0.762	0.238		
管理水平←管理维护	1				0.757	0.573	0.427		
维护情况←管理维护	0.756	0.081	9.321	***	0.628	0.395	0.605	0.791	0.562
卫生状况←管理维护	1.084	0.099	10.997	***	0.848	0.72	0.28		

由表 4.10、表 4.11 可以得出，拟合度指标值均达到良好以上标准，表明西安周边乡村公共空间村民需求影响因素的二阶模型通过结构效度检验；二阶构面的 *CR* 值为 0.792，大于 0.7，*AVE* 值为 0.442，处于可接受范围内（可接受范围为 0.36～0.5[162]），一阶构面的 *CR* 值均大于 0.7，*AVE* 值均大于 0.5，基本满足要求，表明该模型通过收敛效度检验；相关系数为 98.23%，证明了二阶构面真实存在，即村民需求影响因素一阶模型的变异有 98.23% 被村民需求影响因素二阶模型所解释，二阶模型具有代表性。因此，西安周边乡村公共空间村民需求影响因素二阶模型通过效度检验。此外，从图 4.6 可以得出布局选址、功能设施、文化精神、产业经济和管理维护 5 个主范畴与村民需求影响因素的关联强度分别是 0.53、0.85、0.58、0.78 和 0.54，以及 18 个初始范

畴与各自对应主范畴的关联强度，从图 4.5 可以得出各个主范畴之间的正向关联强度。

4.5　村民需求提取与分析的结论

以上基于扎根理论对西安周边乡村公共空间村民需求进行了提取，并采用结构方程模型对构建的村民需求理论模型进行了验证及影响因素的关联性分析，可以得出：

1. 西安周边乡村公共空间村民需求的理论模型，包括布局选址（包括可达性、安全性、空间数量、空间尺度和自然生态）、功能设施（包括设施种类、设施数量、观赏性和使用体验）、文化精神（包括文化特征、娱乐活动和礼仪习俗）、产业经济（包括乡村旅游业、高效农业和休闲农业）和管理维护（包括管理水平、维护情况和卫生状况）5 个主范畴。从图 4.6 中各潜变量与村民需求影响因素的路径系数可以得出，功能设施与村民需求影响因素的关联强度最强，产业经济次之，而文化精神、管理维护和布局选址三个范畴与村民需求影响因素的关联强度较弱，且三者总体相近，虽然 5 个主范畴与村民需求影响因素的关联强度有差异，但是其在乡村公共空间优化中都是需要关注的。

2. 从各潜变量下观测变量的路径系数可以得出，可达性、安全性、空间数量、空间尺度与对应主范畴布局选址的关联性较强，设施种类与设施数量与对应主范畴功能设施的关联性较强，礼仪习俗与对应主范畴文化精神的关联性较强，休闲农业与对应主范畴产业经济的关联性较强，卫生状况与对应主范畴管理维护的关联性较强，体现了村民日常对这些与乡村公共空间关联的范畴比较关注，这些范畴需要在乡村公共空间优化策略中针对性地重点设计。

3. 从各潜变量之间的路径系数可以得出，潜变量之间均存在正向的关联关系，虽然整体关联强度都不是很强，这与潜变量之间具有较好区分效度有关，但是这对于多个潜变量一体进行相关优化策略实践的过程中，需要把握在一定资源条件下使得整体目标最优的原则，既需要关注某一潜变量的提升，又要关注这一潜变量提升对于其他潜变量的关联影响。

4. 通过 5 个主范畴的分析比较还可以得出，在西安周边乡村公共空间村民需求的理论模型中，布局选址和功能设施这 2 个主范畴指向"空间域"基础，是乡村公共空间使用的基本条件塑造，而文化精神、产业经济和管理维护这 3 个主范畴指向"社会域"基础，是指在"空间域"维度（即公共空间本体构建以及公共空间的功能完善）的基础上，进行公共空间的文化赋予、产业植入和管理规范，是乡村公共空间品质的内涵塑造。因此，西安周边乡村公共空间村民需求的5个主范畴同样也可以划归为"社会域"和"空间域"两个大类，也表明了乡村公共空间优化目标，既包含"社会域"目标，也包含"空间域"目标，在一定程度上也印证了乡村公共空间优化策略既需要有"社会域"策略又需要有"空间域"策略。乡村公共空间"社会域"和"空间域"的村民需求模型，如图4.7所示。

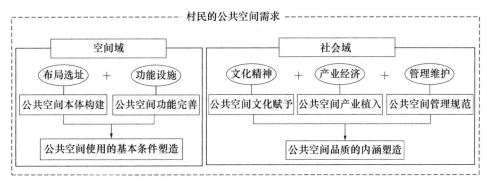

图 4.7　乡村公共空间"社会域"和"空间域"的村民需求模型

4.6　本章小结

本章对西安周边乡村公共空间村民需求进行了提取和分析研究，采用扎根理论对西安周边乡村公共空间的村民需求进行了质性分析，通过对样本村民的深度访谈，以及进行开放式、主轴式和选择式的三级编码分析，提取了5个主范畴和18个初始范畴，并依此构建了乡村公共空间村民需求的理论模型，之后通过结构方程模型对村民需求理论模型进行了验证及影响因素的关联性分析，最后给出西安周边乡村公共空间村民需求提取与分析的相关结论。研究认为：西安周边乡村公共空间村民需求理论模型的5个主范畴分别是布局选址、功能设施、文化精神、产业经济和管理维护，前两者指向乡村公共空间优化的"空间域"目标，后三者指向乡村公共空间优化的"社会域"目标，该理论模型为本书西安周边乡村公共空间"社会－空间"一体优化方法研究提供了需要达到的优化目标。

5 乡村公共空间"社会－空间"相互作用机制分析研究

乡村公共空间不仅仅是一种空间形式，更是其背后社会因素的体现，良好品质的乡村公共空间更具有增强社区凝聚力、促进社会整合的功能。因此，乡村公共空间是"社会域"与"空间域"两者持续互动的过程[21]，也就是乡村公共空间"社会域"与"空间域"之间存在着相互作用的机制，即"社会域"作用于"空间域"的机制（本书称为"空间为果"）和"空间域"反作用于"社会域"的机制（本书称为"空间为因"）。

关于"空间为果"的研究，王勇等[65]从"空间－社会－制度"辩证互动的视角，分析了苏南乡村公共空间在社会制度变迁下空间的演变过程；张园林等[31]基于"制度干预、社会变迁、空间演变"的辩证分析视角，分析了关中地区乡村公共空间在政府和乡村二元主体作用下的演变特征和机制；王春程等[52]对新中国成立后不同时期乡村公共空间背后的社会动力机制进行剖析；顾大治等[53]梳理了我国乡村公共空间在自发秩序与构建秩序变迁下的演变特征；杜春兰等[166]认为经济发展决定空间模式，乡村经济结构的转型导致乡村景观（包括乡村公共空间）势必会变迁；张萌婷等[28]认为旅游型乡村由"生产主义"向"后生产主义"的转型，使得乡村公共空间发生了"去农化"、空间商品化与多功能化；席建超等[167]认为旅游业导入使得乡村公共空间正经历着重构的过程，并认为在此过程中，生产生活空间逐步减少，生活－生产和生态－生产复合新型功能空间逐步增加；王华等[168]认为乡村旅游空间（包括公共空间）建构的社会动力包括权力、资本和市场等主体。可以看出，"空间为果"的研究主要是分析空间背后的社会动力，研究对象包括乡村公共空间演变背后的社会动力机制和特定类型乡村（如旅游型）公共空间背后的社会动力，一般认为乡村公共空间是多方利益主体（政府、村委会、村民等）博弈的核心，并且认为其是政治、经济、历史等多种社会要素共同作用形成的产物。

关于"空间为因"的研究，段德罡等[59]以甘肃省三益村公共空间修复为例，在空间修复过程中融入"俭"这一传统文化，使村民感受到传统文化的益处，唤醒其自身家园意识和文化自豪感，促进乡村传统文化的传承与发展；李竹等[61]以李巷村改造为例，从挖掘自身空间特色和优势，实现与产业及资源的对接的角度进行乡村公共空间营建，助力乡村振兴，使其既满足本地居民生产生活的需求，又满足外来游客消费服务的需求；谷玉良等[169]以"村改居"为例，描述了乡村空间改变对乡村社会关系嬗变的影响，使得乡村社会关系由"分散的不规则集中"变为"集中的均匀分散"；林松等[170]以北京市房山区南窖乡水峪村为例，通过一系列具体的空间策略来激活乡村的社会活力，从而实现"小美再生"的营建目标；王河等[171]以江门市大泽镇同和村为例，通过物质层面环境整治和精神层面本土文化传承的双重策略，来活化乡村公共空间，从而激活乡村社会活力；林箐等[172]描述了空间上风景园林实践的社会意义，包括提高生活水准、促进社会交往、改善社会关系、促进经济发展、调整产业结构等。可以看出，"空间为因"的研究主要描述空间形态本身对乡村社会中的文化、产业、管理等要素的影响过程，研究对象主要是通过空间的优化设计来达到某一社会效果（如激发社会活力、延续传统文化、方便生产生活、增加经济收益等）。

以上关于"空间为果"和"空间为因"的研究成果为本章研究西安周边乡村公共空间"社会域"与"空间域"的相互作用机制提供了良好的借鉴和参考，然而，西安周边乡村公共空间当前现状（即研究起点）具有其特殊性，不能直接移植套用。因此，亟须结合当前现状，对西安周边乡村公共空间"社会域"与"空间域"的相互作用机制进行深入研究。

为此，本章以西安周边乡村公共空间"社会域"与"空间域"的相互作用机制（即"社会-空间"相互作用机制）为研究对象，在描述一般意义上乡村公共空间"社会域"与"空间域"相互作用关系的基础上，以本书第3章分析得出的新时期西安周边乡村公共空间"空间域"离散化特征为研究起点，对导致离散化现象的社会域原因进行溯源，即"社会域"作用于"空间域"的机制（"空间为果"），并对离散化现象可能导致的社会域影响进行分析，即"空间域"反作用于"社会域"的机制（"空间为因"），如图5.1所示。

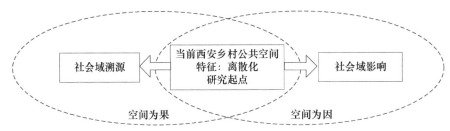

图 5.1 乡村公共空间"社会－空间"相互作用机制总体分析框架

5.1 乡村公共空间"社会域"与"空间域"的相互作用关系

乡村公共空间的"社会域"和"空间域"双重属性，分别是公共空间的内在逻辑和外在图式，是"里子"和"面子"的关系，二者相辅相成、相互影响。因此，乡村公共空间的"空间域"与"社会域"作为载体及载体背后复杂的社会关联关系，构成了研究二者相互作用机制的基本理论框架，乡村公共空间的"社会域"作用于"空间域"，而"空间域"又反作用于"社会域"，乡村公共空间良好的"社会域"和"空间域"要素可以迭代优化、共同提升，如图 5.2 所示。

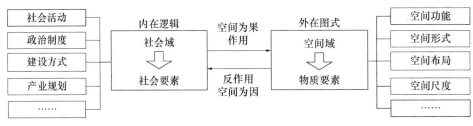

图 5.2 "社会域"与"空间域"之间的相互作用关系

以下通过简单示例来描述一般意义上乡村公共空间"社会域"和"空间域"的相互作用关系。

1. "社会域"作用于"空间域"

"社会域"中各类社会组织要素决定了村民在乡村公共空间利用中的模式与行为，从而形成了相应的乡村公共空间物质形态。例如："社会域"中的生产关系（生产者与生产资料之间的相互关系，即生产者选用何种生产资料，如村民在哪个季节种植何种田间作物等），决定了村民利用公共空间进行种植、加工、晾晒、售卖等模式，从而会形成相应的种植空间、加工空间、晾晒空间、售卖空间等空间形态，如图 5.3 所示。

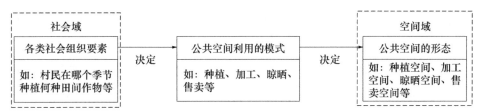

图 5.3 "社会域"作用于"空间域"的过程示例

2. "空间域"反作用于"社会域"

通过对乡村公共空间"空间域"功能形态的重组重构,对村民心理产生影响,从而影响村民的生活和生产方式。例如:通过在公共空间形态中引入适宜公共活动(或仪式)举行的场所及当地广泛认可的文化符号,在心理上影响村民群体对乡村的归属感、认同感,从而促进同一聚落单元、邻里单元,或同一家族中不同家庭村民的社会交往,进而增进村民邻里情感,促进乡村共同体的构建,如图 5.4 所示。

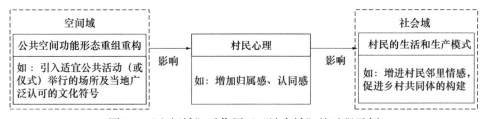

图 5.4 "空间域"反作用于"社会域"的过程示例

以上分析为研究西安周边乡村公共空间"社会-空间"相互作用机制提供了简单示例,以下从"空间为果"和"空间为因"两个方面对其进行重点分析,旨在通过物质空间去透视乡村公共空间的社会本质,并挖掘其社会影响,从而更深入地理解当前西安周边乡村公共空间形成发展的动因及其空间机制,进而为西安周边乡村公共空间优化策略的针对性设计提供基础。

5.2 "空间为果"——基于空间生产理论的乡村公共空间生产机制分析

新时期前,西安周边乡村公共空间处于全面衰退的状态,零星无序的乡村公共空间生产,村民既是生产者,又是使用者。而进入新时期,政府主导的行政力量、企业主导的经济力量、游客主导的消费力量等纷纷进入乡村,各个利益主体之间相互博弈,通过联合、竞争、排斥等方式完成结盟或分化,进行公共空间的生产，塑造出新的公共空间形态。因此，西安周边乡村公共空间的生产，不仅是其物质域表面的选址布局、形态塑造、资源整合等的演变，更多是与其背后社会域的权利逻辑、资本逻辑、社会关系等相关。5.2 节采用空间生产理论的空间三元辩证法分析认知框架来解读西安周边乡村公共空间的生产逻辑，深入理解"社会域"作用于"空间域"的机制。

首先，乡村公共空间作为整个乡建活动的主体，其空间实践是在地方政府展示需求和外来游客消费需求牵引下的空间改造；其次，乡村公共空间生产过程的主要操纵者是地方政府，其空间表征是当地政府进行自身"构想"塑造的过程；最终，乡村公共空间实际使用者是处于被支配地位的村民，其表征空间是村民从日常生产生活出发，对强者操纵的空间主体进行内化与抵抗的过程。综合上述思考，本节以下具体从"空间实践""空间表征"和"表征空间"三个层面对西安周边乡村公共空间背后的生产逻辑进行溯源，即对空间生产机制进行分析。其总体分析框架，如图 5.5 所示。

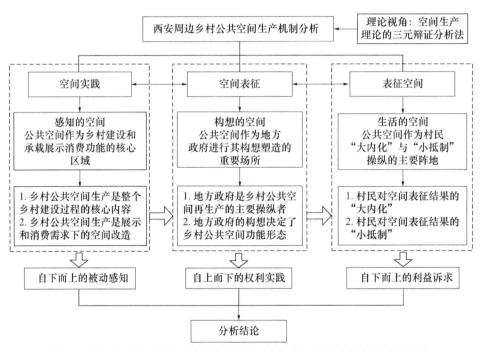

图 5.5　基于空间三元辩证法西安周边乡村公共空间生产机制的分析框架

5.2.1　空间实践：公共空间作为乡村建设和承载展示消费功能的核心区域

乡村公共空间的空间实践，即感知的空间，属于人们实际可感知（看、听、闻、触、尝等）领会、客观存在的公共空间，是指物质性公共空间的生产，可以进行精确的度量和描绘，其时时刻刻都在上演，是公共空间生产和再生产的行为活动，是相应生产关系的一种体现。因此，空间实践与构成公共空间各"要素"的物质性紧密相关。

西安周边乡村公共空间的空间实践热潮与当前中国时代发展背景息息相关，既是改变传统城乡二元模式以寻求乡村振兴路径的一种尝试，又是应对全球金融危机后城市工商资本严重过剩并寻求新投资空间的一种现实选择。其空间实践的显著特征是乡村公共空间在城市资本入侵下大规模快速推进建设改造，是整个乡建过程的核心内容。为迎合地方政府的展示需求和外来游客的消费需求，原有乡村的生产、生活和生态空间在空间再生产过程中被大幅压缩，大部分演化为与地方政府展示和外来游客消费相适应的空间，同时乡村公共空间的主体功能也从原先的"生产＋生活"转变为当前的"展示＋消费"，公共空间成为乡村建设和承载展示消费功能的核心区域。

5.2.1.1 乡村公共空间生产是整个乡村建设过程的核心内容

乡村公共空间通过其自身形式以及所承载的乡村社会活动内容和方式，是整个乡村对外展示的"窗口"，这使得其优化建设容易产生建设成效，具有较好的成果可见性；另外，乡村公共空间由于其"公共"这一属性，相比于民宅等私有空间，不涉及复杂的土地权益和空间主体，使得政府主导下的乡村公共空间优化具有更好的可操作性。

同时，随着城镇化的推进，城乡人口流动加快，村民不再是同质化的农业劳作，彼此之间沟通交流变少，使得乡村原有通过总体性生产单位形成的较为固定且长期的社会关系被打破，乡村的"熟人"社会正在陌生化，传统的邻里关系正呈现割裂状态，而对于乡村公共空间自身的功能作用来说，其是乡村共同体的社会组织关联形式和人际交往方式在空间上的映射，良好的乡村公共空间形态可以赋予村民共同的情感、价值、荣誉等获得感体验，有利于村民进行日常交往和社会文化活动，从而修复乡村社会关系，促进乡村由"半熟人"向"熟人"社会转型。

综上，乡村公共空间优化的成果可见性和可操作性，以及乡村公共空间自身具有修复乡村社会关系的作用功能，使得乡村公共空间的生产现今成为乡村空间改造的首选，地方政府更加倾向于将各种资源投入乡村公共空间的生产中。

以西安地区乡村最重要的线性空间——乡村主路的生产为例，从 2018

年底西安地区乡村主路的生产情况来看，主路能通行汽车、拖拉机等的占99.6%，主路有路灯的占92%，见表5.1；从2018年底西安地区乡村主路路面类型情况来看，水泥的占97.1%，柏油的占1.2%，沙石的占0.8%，砖、石板的占0.0%（该主路路面类型的乡村数量很少，故比例贴近于0，存在于蓝田县华胥镇），其他的占0.8%，见表5.2。

西安地区乡村主路的生产情况（2018年）　单位：%　　　　表5.1

地区	主路能通行汽车、拖拉机等	主路有路灯的
西安地区	99.6	92

（表格来源：西安市统计局《西安市第三次全国农业普查综合资料》）

西安地区乡村主路路面类型情况（2018年）　单位：%　　　　表5.2

地区	水泥	柏油	沙石	砖、石板	其他
西安地区	97.1	1.2	0.8	0.0	0.8

（表格来源：西安市统计局《西安市第三次全国农业普查综合资料》）

另外，调研发现，西安周边样本乡村中最重要的面状空间——村民服务中心及配套广场，都在2016年以后，进行过新建或不同程度的改建。此外，西安周边样本乡村公共空间生产的重点还有村入口、健身广场、相关景区、建筑外立面、小游园、宅前空地等。

上述分析表明，对于西安周边乡村来说，近年来由地方政府主导的乡村公共空间生产的空间实践大量存在，乡村公共空间生产成为西安周边乡村空间建设的核心内容。

5.2.1.2　乡村公共空间生产是展示和消费需求下的空间改造

当前乡村建设是对中国乡村"非线性现代化"路径的一种主动探索，乡村公共空间也由此进入了发展的"快车道"，在此过程中，地方政府与外部资本是其生产的核心推动力，使得大量乡村公共空间生产更多关注政治利益的展示价值和经济利益的交换价值，其服务对象更多是地方政府和外来游客，而村民社会利益的使用价值被忽视，因此，乡村公共空间的空间实践本质上是一种抽象空间的生产，其核心功能更多是迎合地方政府的展示需求和外来游客的消费需求，乡村公共空间生产成为展示和消费需求下的一种空间改造。主要体现在以下两个方面：

1. 地方政府展示需求牵引下的空间改造

在地方政府展示需求牵引下，西安周边乡村公共空间生产行为主要是集中将交通便利处的少数空间按照城市审美进行重点提升美化，其提升美化后的典型特征是对外交通便利，便于对外展示，且城市化、标准化和同质化严重，同时，与提升美化后的少数空间形成对比的是，与村民日常生产生活紧密相关的公共基础设施相对落后，大多数乡村的内部巷道、给水排水、养老院等不同层面的基础设施极不完善。因此，这些地方政府展示需求牵引下的乡村公共空间生产与乡村社会现实需求存在错位，其与乡村实际条件和需求差距较大，使得对当地村民实际生活生产改进的正向作用有限。但是，这些乡村公共空间所具有的展示价值正是当前西安周边乡村的"主流价值"之一，是当前衡量乡村公共空间优化效果优劣的重要"潜在标准"，这使得地方政府展示需求牵引下的空间改造成为乡村公共空间空间实践的主要方式之一。

地方政府展示需求牵引下空间改造的主要乡村公共空间类型是村民服务中心、村口广场、小游园等，相比于其他类型的公共空间，这些公共空间更加便于展示。这些地方政府展示需求牵引下的公共空间在西安周边样本乡村中大量存在。如：村民服务中心，一般位于村入口的主路一侧或其他交通便利处，标配有超大广场、健身器材、乒乓球桌、篮球场等，广场地面大多为水泥、彩色沥青等现代城市材质，且同质化较为严重，较少能够体现乡村地域特色，典型乡村是鄠邑区玉蝉镇的胡家庄村等；村口广场，其对外交通便利，与一般乡村中心广场的标准配置比较相似，但是由于村口广场一般距离村民核心居住区较远，日常又缺乏人员维护，使得空间环境逐渐恶劣、设施破坏严重，最终成为杂草丛生、无人问津的消极空间，典型乡村是灞桥区狄寨街道的金星村等；小游园，一般位于主路附近，通常是规则式的城市化种植模式，并统一配置凉亭、政治标语等，同质化较为严重，较少能够体现乡村地域特色，并且由于没有专门的隔离空间，安全性较差，其典型是鄠邑区蒋村镇柳泉口村主路旁的小游园等。

2. 外来游客消费需求牵引下的空间改造

外来游客的消费需求主要是指对乡村旅游的消费需求，该需求牵引下的空间改造的主要对象是西安周边样本乡村的旅游型乡村，如长安区王莽街道的清北村等。其空间实践过程是为迎合外来游客的旅游消费需求，乡村原有大多生产、生活和生态的公共空间演化为与旅游业发展相适应的复合型产业空间，其空间生产的典型特征是乡村公共空间的主体功能也从原先的"生产生活"转变为当前的"旅游消费"，具体表现为内部的生活空间内化为旅游接待空间和外围的生态空间转化为游憩活动空间，公共空间成为承载乡村旅游消费活动的主体空间。由于这些乡村公共空间生产具有明显的市场特征和产业行为，带有明确的经济目的，公共空间是"资本增值"的主要载体和工具，这使得外来游客消费需求牵引下的空间改造成为乡村公共空间空间实践的主要方式之一。

外来游客（旅游）消费需求牵引下的空间改造，主要针对的是旅游型乡村。一方面，乡村聚落内部的生活空间内化为旅游接待空间。乡村聚落内部公共空间的显著特征是"生活－旅游产业"一体化，其核心功能是旅游接待，也就是在旅游产业发展牵引下，生活公共空间转化为"生活－旅游产业"复合型公共空间。其旅游接待功能转化过程一般经历"旅游住宿→综合型旅游服务"两个阶段；其功能转化的动力一般经历"外部介入→村民半自发→村民自发"三个阶段，即在旅游产业初期，政府或者企业等外部力量介入下构建旅游接待型公共空间，随后在市场经济的作用下，带动本地村民参与建设或者改造与旅游发展相适应的公共空间。如：当前的清北村旅游业正处于起步阶段，旅游接待型公共空间多数集中于乡村聚落的东部和北部，为了增加旅游产业的基础设施配套，政府征地拨款建设特色农家乐风情一条街，通过出售和出租两种形式来经营。近年来，随着游客增多，很多村民通过改造自家房屋参与经营，并且自发形成美食一条街，部分村民也借机出售自家生成的农产品。这表明该村内部的旅游接待型公共空间，其主体功能正在由单纯的旅游住宿，向住宿、餐饮、购物、娱乐等综合旅游服务方向转变。

另一方面，乡村聚落外围的生态空间转化为游憩活动空间。乡村聚落外围公共空间的显著特征是"生态－旅游产业"一体化，其核心功能是游憩，也就是在旅游产业发展牵引下，传统生产和生态公共空间逐渐转化为"生态－旅游产业"复合的新型公共空间（即景区）。其公共空间游憩活动功能的转化模式一般为"核心景区优先打造＋其他景区逐渐完善"；而公共空间功能转化的动力主要是"外部介入"和"村民自发"，两者侧重的公共空间类型不同，政府、企业等外部力量介入涉及的公共空间转化主体主要是投资较大、涉及复杂土地流转等的核心景区或者旅游基础设施，而村民自发针对的公共空间转化主体主要是自家承包的传统农业生产区。如：清北村外围的游憩活动空间主要位于乡村聚落外围的北部和东部，主要公共空间包括核心景区"千亩荷塘观光区""桃林观光采摘区""生态水稻观光区""猕猴桃采摘区"等，其区域分布如图5.6所示。其中，核心景区"千亩荷塘观光区"是结合该村原有特色荷塘并由政府主导建设，而"桃林观光采摘区""生态水稻观光区""猕猴桃采摘区"等则是在政府的统一规划下，结合市场的带动，村民自发对其承包的农业生产地进行旅游产业化改建而成。

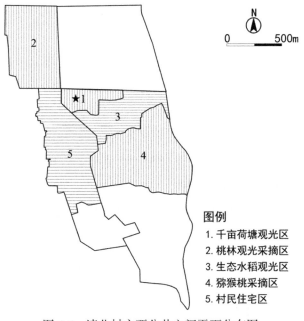

图例
1. 千亩荷塘观光区
2. 桃林观光采摘区
3. 生态水稻观光区
4. 猕猴桃采摘区
5. 村民住宅区

图 5.6　清北村主要公共空间平面分布图

5.2.2　空间表征：公共空间作为地方政府进行其构想塑造的重要场所

　　乡村公共空间的空间表征，即构想的空间，属于宏观的、战略层面的构想，是处于支配地位强者意识形态层面所构想的空间形态，是空间的主流秩序，属于"强"空间生产，其建立在空间实践提供原始材料的基础上，是指公共空间实践过程中概念化的空间想象与精神性空间，即把实际可感的物质域公共空间以概念的形式表达出来，本质上是对知识的再生产[118, 173]。因此，空间表征与支配地位的强者对乡村公共空间相关知识的思考与整体认定紧密相关。

　　与其说西安周边乡村的规划建设是改善乡村生产生活条件、提升农民幸福感与满意度实实在在的民生工程，不如说它更像是在相关国家顶层战略指导下的一项"政治任务"，公共空间作为配套的核心景观工程，其生产带有很强的"政治性"和"任务性"，而地方政府在其生产过程中充当了"强者"的角色。其空间表征的显著特征是公共空间作为乡村空间的核心区域，以公共空间的空间实践情况为基础，结合"美丽乡村""乡村振兴"等国家乡村战略的指导，地方政府形成各种主题构想，并以分类、划分、区隔等方式来规范和塑造公共空间功能形态，故公共空间成为地方政府进行其构想塑造的重要场所。

5.2.2.1 地方政府是乡村公共空间再生产的主要操纵者

国家相关的乡村战略促进了乡村公共空间的规模化再生产，使得乡村公共空间除了村民主体以外，还出现地方政府、开发商、旅游者、外来从业人员等众多利益相关者，他们都企图以自身的方式去分割和使用公共空间[174]。但受资金、职能、技术、理念等约束，在乡村公共空间再生产的构想规划、建设实施、运行管理等各个阶段，地方政府及代表其意志的开发商都拥有强势话语权，操纵着与其构想相匹配的乡村公共空间再生产，使得乡村公共空间的选址布局、整体风格、功能类型等，都体现了国家主流价值观引领下权力的强势嵌入，以实现其对乡村社会的规制，达到维护乡村社会稳定的核心诉求，而依据地方政府构想所形成的公共空间秩序，形成一股内化的景观力量，让村民在公共空间中受到无形的规训。主要体现在以下两个方面：

1. 地方政府的财政优势和政治任务使其主导乡村公共空间生产

2006 年以后的后农业税时代，乡镇财政收入大幅锐减，对乡村建设的投入更多的是以国家财政转移支付的方式出现，通过项目立项的形式进入乡村，另外，随着西安周边乡村公共空间生产的日益正式化、规模化和综合化，其建设投资成本也不断提高，单靠少数村民难以实现乡村公共空间的完全配置，需要依靠地方政府的财政支持，使得西安周边乡村公共空间生产作为一种公共服务，更多是由西安各级政府提供，或通过各级政府购买服务的形式提供，其本质上就是地方财政投入乡村的一种项目。同时，在国家相关乡村战略的指导下，西安市针对性编制了《西安市乡村振兴战略实施规划（2018-2022 年）》《西安市"十四五"农业农村发展规划》等乡村建设发展文件，而乡村公共空间生产作为其中乡村建设成果物质域考核的核心指标之一，是西安各级政府需要完成的政治任务。因此，地方政府独特的财政优势及其承担的政治任务，使其在乡村公共空间生产中起了主导性甚至决定性的作用。

2. 当前村民参与乡村公共空间生产处于较低水平

随着西安周边乡村个体化和市场化不断加剧，村民的经济理性逐渐超越公共理性，大部分村民将乡村公共空间生产视为公共性事务，视其为地方政府的职能，导致其自身参与积极性不高，参与意愿偏弱。在高陵区通远街道生王村访谈中，村民谈到："……其实广场建得怎么样，和我们也没有啥关系，我们更加关注政府能否给我们多提供一些工作机会……"（访谈时间：2020 年 9 月 20 日）。另外，出于优化建设整体程序上的考虑，各级政府往往会在形式上重视村民的参与，但是出于提高行政效率的考虑，各级政府往往对村民的意见建议采取忽视、限制、选择性接受等，这使得村民实际参与流于形式，参与程度、水平和质量都处于较低水平，村民对自身日常使用的公共空间功能形态并没有最终的决定权，导致乡村公共空间的最终功能形态逐渐成为各级政府意志而不是村民公共意志的体现。在周至县竹峪镇兰梅塬村访谈中，村民谈到："……建设前下来调研过程中征求过大家意见，一部分人也提了一些建议，但是最后感觉提了也没有什么用，该怎么干还是怎么干……"（访谈时间：2020年10月26日）

5.2.2.2 地方政府的构想决定了乡村公共空间功能形态

根据列斐伏尔的观点，任何一种新的生产方式都有其相应的空间模式，生产方式的转变必然伴随着新的空间生产[175]。地方政府主导和操纵着乡村公共空间再生产，将其各种"乡村构想"（如"慢生活""乡愁""康养"等）投射在乡村公共空间的物质形态上，操纵着当前乡村公共空间向其构想的"画像"转变，因此，地方政府的构想决定了乡村公共空间功能形态。主要体现在以下两个方面：

1. 当前乡村公共空间功能形态更多是地方政府所构想的"画像"

本书选取的西安周边样本乡村都来自于2017～2020年西安市住房与城乡建设局委托第三方评选的美丽乡村库，其评价指标体系和评价标准构建的依据是《美丽乡村建设指南》GB/T 32000—2015、《陕西省美丽乡村建设规范》DB 61/T 992—2015以及《西安市美丽乡村建设技术导则》等国家标准或地方标准，所有评价指标的正向极值指向的正是地方政府所构想的美丽乡村最美"画像"。该评价指标体系包括41项客观评价指标和1项乡村主观印象评价指标，其中41项客观评价指标因子隶属于5个方面的一级指标和15个方面的二级指标，其中关联乡村公共空间的二级指标包括：美化乡村入口、美化村道交叉口、整治村道路面、整治房屋立面、布好景观小品点、布好人文展示点等，这些评价指标出自地方政府以及相关部门专家（处于支配地位的强者）的构想，而能够入选美丽乡村库，也一定程度上说明了当前西安周边样本乡村公共空间能够很好地契合这些评价指标要求，其当前的功能形态是地方政府所构想的"画像"。因此，可以说此次乡村公共空间的再生产，是将原本普通的、生活性的乡村公共空间转变为符合各类指标体系规范下"美丽乡村"的公共空间。

2. 当前乡村公共空间功能形态"去生活化"和"排他化"

地方政府主导乡村公共空间的再生产，村民的空间生产权被一定程度地剥夺，在这一过程中，抽象空间用压倒一切的商业交换价值和展示价值排挤了空间本身作为社会生活的日常空间价值，日常生活已不再具有潜在的主体性，而是完完全全沦为客体，村民日常生产生活空间被侵占，牺牲了日常便利，从而不同程度地给村民日常生产生活带来不便，使得大量乡村公共空间的功能形态"去生活化"。如：在很多样本乡村中，为了建设统一的花池，摆放统一的垃圾桶，原来民居前面的菜地、晾衣竿、空地等被改造；部分旅游型乡村，为建设民居附近的核心景区，征用了村民的耕地，为修建景区配套道路和停车场，使得乡村原有的晾晒场、村民门前空地等面积大幅缩小。同时，在现代城市消费文化的影响下，西安周边乡村部分公共空间表现出强烈小群体品位的痕迹，而与乡村本土空间格格不入，这类空间的服务对象也远不是本地村民，甚至不是一般的外来游客，这些公共空间正将乡村空间塑造成为典型的二元空间[176-177]，其功能形态具有明显的"排他性"。如：长安区王莽街道清北村的"慢慢学堂"民宿、长安区子午街道抱龙村"云裳花栖"民宿、灞桥区席王街道西张坡村的高塬美术馆等高品质公共空间，这些乡村公共空间与本地村民的日常生活差异化较为明显。

5.2.3 表征空间：公共空间作为村民"大内化"与"小抵制"操纵的主要阵地

乡村公共空间的表征空间，即生活的空间，属于微观的、战术层面的操作，是指处于被支配地位使用者的空间生活体验和反馈，是具体的、经验的、日常的空间，是使用者从日常生产生活出发，利用各类"战术"重新"微观"占据由空间表征组织起来的空间，从而构建出无数新的空间可能，其体现了草根群体的意志和思维[178]，相比于空间表征的"强"空间生产，其属于"弱"空间生产。因此，表征空间与处于被支配地位的使用者对乡村公共空间的生产生活实践经验紧密相关。

根据列斐伏尔关于表征空间的观点，生活的实践经验无法被构想的理论分析所穷尽，总有某种剩余物，某种残留，某种无法表达、无法分析但最有价值的剩余，它只能由使用者通过艺术的手段表达[107]，而村民在西安周边乡村公共空间生产过程中充当了使用者的角色。其表征空间的显著特征是村民作为乡村公共空间日常使用者，以微小的、流动的、非制度化的行为对公共空间进行创造性的利用，由于乡村公共空间生产总体能够改善乡村实际生产生活环境，促进乡村经济发展，能够给村民带来实际的收益和机会，使得村民对空间表征结果总体是顺从的，同时自上而下的乡村公共空间再生产也给村民带来很多生产生活的不便，使得村民对空间表征结果也有小范围的反抗。因此，表征空间具体表现为"内化"与"抵制"并存，公共空间成了村民"大内化"与"小抵制"强者空间表征结果的主要阵地。

5.2.3.1 村民对空间表征结果的"大内化"

"内化"，指的是强势群体的"构想"或"实践"未必都给使用者带来空间上的"入侵"感，使用者很多时候表现出"同化"或者"顺从"。在西安周边乡村公共空间的生产过程中，原本很多村民日常生产生活的公共空间按照地方政府构想的"画像"转换，使得这些空间由生产资料转换为展示和消费的对象，由原先注重使用价值转换为注重展示和交换价值。由于城市化发展带来大部分乡村"空心化"，这些空间原本作为生产资料并具备使用价值的属性已并不十分凸显，另外公共空间的转换在一定程度上完善了乡村各类公共基础设施，使得乡村更为"先进"，并且给村民创造了很多增加收益的机会，村民可以从中得到经济利益，甚至还是文化、政治上地位的提升。因此，村民无须站在这种地方政府所构想的"空间秩序"的对立面上，故表现出更多是顺从和认同，即：村民对空间表征结果的"大内化"。主要体现在以下两个方面：

1. "效仿"——村民成为展示价值公共空间再生产的"贡献者"

在地方政府展示需求的牵引下，西安周边乡村出现了很多城市化、标准化和同质化的公共空间，但是由于村民生活意识不断城市化，村民内心并不排斥这一类型的公共空间，相反他们其中很多人会认为"乡村是落后的代名词，城市中的所有内容都是先进的，都是值得学习和引入"[13]，这使得他们在进行与其相关联公共空间生产时，会"效仿"这些公共空间的形态，从而加剧了西安乡村地域特色的丧失，使得村民成为展示价值公共空间再生产的"贡献者"。如：在很多西安周边样本乡村中，村民在对其民居外立面、屋前空地、庭院等进行改造时，大多会选用瓷砖、不锈钢围栏、罗马柱等城市常用材质，并且一定地域内的这些公共空间景观同质化严重；另外，在临潼区相桥街道神东村访谈中，村民谈到："……现在我们村里的环境和城里一样，看起来很高大上……"（访谈时间：2020年11月29日）这也印证了村民在意识形态层面对城市化乡村公共空间景观是认同的。

2. "跟随"——村民成为交换价值公共空间再生产的"合谋者"

在外来游客消费需求牵引下，很多西安周边乡村凭借其地理位置、资源共享、交通条件等方面的突出优势发展旅游相关产业，出现了很多与乡村旅游相适应的公共空间，如：核心景区、农家乐一条街、小吃一条街等，游客的到来给原本"空心化"的乡村带来久违的"人气"，这不仅满足了村民们作为社会人的需要，而且也给他们带来了经济收益，很多村民借着旅游业发展的"东风"，通过将自家民宅改建成农家乐或民宿、在路边摆摊售卖农产品、将果园改为采摘园等方式，主动"跟随"这一类型乡村公共空间的生产，并"借力"进一步激活乡村公共空间，使得村民成为交换价值公共空间再生产的"合谋者"。如：在长安区子午街道抱龙村、长安区王莽街道清北村、鄠邑区玉蝉镇胡家庄村等，部分村民将自家宅院改建成民宿，在长安区杨庄街道杨庄村、灞桥区席王街道西张坡村、灞桥区狄寨街道金星村等，部分村民将自家宅院改建成农家乐，在完成交换价值空间再生产的同时，空间属性也由原来的"私有"转化成了"公共"；到了相关特色水果的成熟时节，村民会选择在主干道摆摊售卖樱桃、桃子、葡萄、猕猴桃等，形成临时性售卖空间；另外，在长安区王莽街道清北村访谈中，很多村民谈到"……感谢政府开发旅游，把自家农家乐办起来了，可以提高收入……""……现在可以不去城里打工，靠着卖土特产也能过……"（访谈时间：2020年8月11日）

5.2.3.2 村民对空间表征结果的"小抵制"

"抵制"，即"抵抗"，指的是在宏观上服从强势群体所设立的主流空间秩序，却暗中突破防范，灵活随机地实施小规模的违规[179-182]。西安周边乡村大量展示价值和交换价值公共空间的生产，村民日常生产生活空间被或多或少侵占，给村民带来不便，同时，地方政府所构想的"空间秩序"并非在乡村公共空间的每个角落都是均质和强力的。因此，村民会从方便生活、劳作、游憩等日常行为出发，主要在空间表征的"规则示弱"之处寻找"缝隙"[183]，来实践自己的空间主张，并且有些行为可能在村民中扩散，逐渐转变为一种集体行为，基于这些行为的合理性和集体性，很多时候也会迫使空间表征的主流"空间秩序"做出改变，即：村民对空间表征结果的"小抵制"。主要体现在以下两个方面：

1. "转化"——低迷空间的重新利用

很多在地方政府构想属性中积极的乡村公共空间，因缺少实际使用的巩固而显得低迷，并逐渐成为强者规则的"示弱"空间，村民从日常生产生活需求出发，对这些低迷的乡村公共空间进行重新利用，成为其真正的"消费者"。由于消费本身就是另一种生产，村民在完成这些公共空间功能转化（由原构想的展示或消费功能转化为实际使用功能）的同时，也重新生产了这一生活空间。如：在很多西安周边样本乡村中，部分公共空间（如：远离村民核心生活区的村入口广场、远离核心景区的旅游休憩空间、乡村聚落边缘区的广场等），因其构想属性没能得到实际频繁使用而显得低迷，成为村民日常堆放柴草杂物、晾物衣被、孩子游玩的区域。

2. "战胜"——"空间秩序"的重新定义

相比于低迷空间的再度利用只是空间功能发生转化，村民对与其原有惯习[184]"相冲突"空间的"抵制"更为直接与公开，这种公共空间生产往往发生在村民民居附近，该区域也是强者规则相对"示弱"的空间。由于乡村原有惯习的驱动，这种公共空间生产行为往往会由起初的个人"抵制"逐渐转变为一种集体"抵制"，在村民中形成一个有意或无意的利益联盟[斯科特（James C.Scott）对这种行动做出了解释："……它们几乎不需要事先的协调或计划，它们利用心照不宣的理解和非正式网络，通常表现为一种个体自助的形式……"[185]，这使得抵制力量以更为"合理合法"的姿态出现，营造出相对自由的空间，从而迫使空间主流秩序的操纵者面对抵制作出改变，这体现出的是生活的空间对构想的空间的"战胜"[174]，也使得村民在小范围空间内重新定义了"空间秩序"，使空间功能和形态都发生转化。如：在很多西安周边样本乡村中，为了延续原有的惯习，村民在自家门口统一的花池中种植蔬菜、在门口的行道树之间私拉绳索晾晒衣物、将统一的垃圾桶占为己用等，同时地方政府也进行了相应的管制，出现过"违占"—"管制"—"再违占"—"再管制"[185]的博弈乱象，最后很多乡村中地方政府在管制无果的情况下，不得不承认这一空间改造行为的"合情合理"。

5.2.4 "空间为果"的分析结论

一般而言，以列斐伏尔等人为代表的新马克思主义空间生产理论主要用来揭示城市空间扩张、重构的本质及其后果。而本节将列斐伏尔空间生产理论中三元辩证法的分析认知框架运用到"空间为果"的分析中，对西安周边乡村公共空间生产过程以及内在机制进行了深入诠释，对其当前"空间域"离散化特征进行了"社会域"溯源。分析得出：

1. 对于西安周边乡村，其公共空间的生产早已跨越了"生活容器"的单纯指向，而成为一种具有丰富内涵、带有强烈的权力介入、资本吸纳或催化效应的过程。西安周边乡村公共空间的快速生产，其形态功能更多关注政治利益的展示价值和经济利益的交换价值，而村民社会利益的使用价值在一定程度上被忽视，乡村公共空间的主体功能从原先的"生产＋生活"转变为当前的"展示＋消费"。

2. 西安周边乡村公共空间生产更多是地方政府"构想"下自上而下单向驱动的逻辑，国家政策上的牵引，以及地方政府权力和资本的统一，通过其对乡村公共空间生产的操纵，使公共空间向着其所构想的"画像"转化，进而使得乡村公共空间的使用价值被压制，展示价值和消费价值被凸显，乡村公共空间的功能形态呈现出"去生活化"和"排他化"。

3. 在西安周边乡村中，列斐伏尔认为可以大有作为的村民的日常生产生活不仅没有体现太多的"抵制"态势，反而顺从于强大的外部政治力量，成为展示价值空间再生产的"贡献者"和交换价值公共空间再生产的"合谋者"，其本质是乡村公共空间再生产，还给村民带来一定的机会和利益，在一定程度上缓解了公共空间生成过程对村民生产生活带来的负面影响。

综上，西安周边乡村公共空间并没有真正意义上成为强调使用价值先于展示价值和消费价值的差异空间（Differential space）[186]，其生产过程本质上还是一种"异化"的过程，是外部力量对村民的"隐性规训"，这种状态不会长久，并没有实现真正的"复兴"。同时，从以上西安周边乡村公共空间再生产这一过程也可以看出，"强者"与"弱者"的定位并不绝对或时刻对立，"操纵"与"抵制"在二元结构中存在重叠、共生与互动，一定程度上可以说，是"操纵"为"抵制"提供了发挥日常生产生活"创造性"的机会[174]。因此，需要注重地方政府空间表征和村民表征空间在更高层次、更高级别的协调，使得村民更加主动地参与乡村公共空间生产，激发其日常生产生活创造力，进而使得西安周边乡村公共空间生产向着充满差异、尊重不同正义性的差异空间发展。

5.3 "空间为因"——乡村公共空间"空间域"对"社会域"的反作用机制

本节分析当前西安周边乡村公共空间特征对社会域的反作用机制，主要是建立在详实的田野调查和数据测量基础之上。借鉴类型学和统计学的理论和方法，对西安周边乡村公共空间进行"先整体，后要素"的综合研究，使用科学的方法提供客观、系统的乡村公共空间物质属性特征参数，从而构建公共空间特征信息数据库，进而基于环境心理学对其社会域的影响进行深入分析，为西安周边乡村公共空间"空间域"优化策略的针对性设计提供基础。

5.3.1 公共空间整体形态及其对社会域的影响分析

公共空间的整体形态强调在乡村整体空间范围内，公共空间各个要素综合作用下的总体空间感受，是乡村形态的框架与基础，需从总体与解构的视角出发来描述和分析乡村公共空间的整体形态。

对西安周边样本乡村的公共空间整体形态进行调研并统计，主要包括公共空间的平面形态、公共空间的总体风貌、核心公共空间的布局情况等。

1. 乡村公共空间平面形态特征

公共空间平面形态与乡村聚落的整体平面形态是相辅相成的。本书先分析乡村聚落的平面形态，再以其为基础来分析公共空间平面形态及其特征。根据不同的视角和研究目标，乡村聚落平面形态有不同的分类方式。从乡村聚落内部建筑的疏密程度，可将其划分为聚集型、松散型、散居型等[187]；从乡村聚落整体轮廓形态，可将其划分为棋盘型、树枝型、放射型等[188]；结合乡村聚落所处的地形地貌，可将其划分为山谷带状型、山坳阶梯型、山坡阶梯型等[189]。本书综合考虑地理位置、地形地貌以及公共空间的平面形态等因素，来分析西安周边样本乡村聚落空间的整体形态，将其分为团块状、带状和组团状。样本乡村公共空间整体形态的空间特征情况见附录Ⅱ。

其中，团块状的乡村聚落，该类型平面形态的乡村数量较多，规模较大，分布较为广泛，其地理位置一般位于地形较为平坦且开阔的区域，如白鹿原上、平原地区等，其数量约占样本乡村的80.00%；其主体公共空间多位于乡村聚落中心区域或者村口，其格局一般以主体公共空间为中心呈放射状布局，具有较好向心性。

带状的乡村聚落，该类型平面形态的乡村一般受地形限制，乡村聚落沿河流、山体等呈线性展开，地形是乡村聚落延展的依据，其地理位置一般位于地形或者要素变化较大的区域，如秦岭山地谷底区域、白鹿原边缘区等，其数量约占样本乡村的12.50%；其中最突出的公共空间是骨骼——主要街巷，其余公共空间依附于街巷的线性走势，延伸拓展，其格局一般呈现带状布局，具有较好的方向性。

组团状的乡村聚落，该类型平面形态的乡村一般分布在有地形变化但是范围较小的区域，由于地形、道路或水系等小范围的变化，乡村聚落在发展和扩张过程中，会在原址附近不断形成新的组团，但是它们之间是相互联系密不可分的群体组合，其数量约占样本乡村的7.50%；主体公共空间一般在每个组团都有分布，其格局呈现出多层次、多中心布局，具有较好的可达性。

乡村聚落平面形态分类见表 5.3，样本乡村中团块状、带状和组团状乡村聚落占比的统计情况如图 5.7 所示。

乡村聚落平面形态分类表　　　　　　表 5.3

类型	基本特点	平面布局模式
团块状	① 乡村数量较多，规模较大，分布较为广泛 ② 位于地形较平坦且开阔的区域，如白鹿原上、平原地区 ③ 公共空间格局一般以主体公共空间为中心呈现出放射状布局，具有较好的向心性	▭ 公共空间 ● 民居
带状	① 地理位置一般位于地形或者要素变化较大的区域，如秦岭山地谷底区域、白鹿原边缘区等 ② 乡村聚落沿河流、山体等呈线性展开，地形等是乡村聚落延展的依据 ③ 公共空间格局一般呈带状布局，具有较好方向性	▭ 公共空间 ● 民居
组团状	① 一般分布在有地形变化但是范围较小的区域 ② 组团之间是相互联系、密不可分的群体组合 ③ 公共空间格局一般为多层次、多中心布局，具有较好的可达性	▭ 公共空间 ● 民居

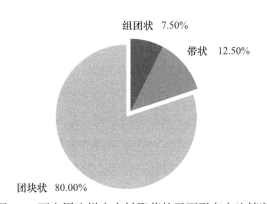

图 5.7　西安周边样本乡村聚落的平面形态占比情况

组团状　7.50%
带状　12.50%
团块状　80.00%

2. 乡村公共空间总体风貌特征

乡村公共空间总体风貌是由种类多样的民居建筑、公共构筑物以及自然环境界面构成，其中民居建筑界面是其构成要素的主体。因此，民居建筑界面不同的外立面形式和组合方式决定了乡村公共空间的总体风貌特征。

对西安周边样本乡村的公共空间总体风貌特征以民居建筑外立面形式和组

合方式为切入点进行归纳，具体如下：西安周边乡村民居建筑大部分是砖混结构，部分乡村存在少量土坯房，外立面以墙面粉刷、砖墙、水泥抹面、瓷砖贴面以及多种方式复合为主，如图5.8所示。

墙面粉刷——两庵村部分沿街立面

砖墙——抱龙村部分沿街立面

水泥墙——西伦村部分沿街立面

瓷砖贴面墙——裴家寨村部分沿街立面

图 5.8 西安周边乡村民居建筑立面

西安周边样本乡村中公共空间总体风貌统计情况，如图5.9所示。其中墙面粉刷、瓷砖贴面和砖墙复合的占30.00%，墙面粉刷和砖墙复合的占40.00%，墙面粉刷和水泥抹面复合的占7.50%，墙面粉刷和瓷砖贴面复合的占10.00%，其他形式的占12.50%。可以看出，大量现代元素（如瓷砖、涂料等）进入，乡村公共空间总体风貌充斥着城市化气息，并且很多乡村公共空间总体风貌较为相似，可识别性差，造成这一现象的关键原因是，在乡村建设发展过程中忽视了当地乡村地域文化对公共空间的塑造，许多关中传统民居中可借鉴和继承的元素和传统工艺（如民居建筑的造型、细节装饰等）逐步消逝，公共空间总体风貌中的关中乡土内涵逐渐被剥离[190]。这对因地制宜地塑造优美的乡村环境非常不利，使得每个乡村自身的独特性逐渐消逝，造成村民对乡村认同感的丧失，乡村公共空间更是无法完成其作为社会重联载体这一重要功能。

3. 乡村公共空间配置的类型与布局特征

西安周边样本乡村中公共空间配置类型较为相似，均标配有村民服务中心、村委会门前广场、健身广场、卫生室等公共空间，且其尺度、规模、样式等都比较相似。此外，不同的建设条件和发展方向也导致不同类型的乡村出现差异化的公共空间，但是同一类型乡村的内部公共空间比较雷同。例如：靠近秦岭山脉带有丰富旅游资源的乡村，都出现了民宿、农家乐等带有商业性质的公共空间；带有特色农业资源（如樱桃、猕猴桃、石榴等）的乡村，都出现了售卖广场、采摘园等农产品生产交易的公共空间。

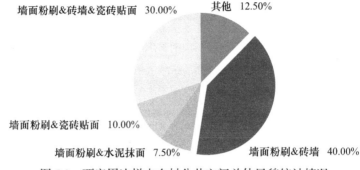

图 5.9　西安周边样本乡村公共空间总体风貌统计情况

西安周边样本乡村中核心公共空间数量及布局特征如图 5.10 和图 5.11 所示，这里的核心公共空间是指地理区域范围达到一定规模，并且基础设施情况配置较为完善的公共空间。可以看出，样本乡村中核心公共空间的个数普遍偏少，均值为 1.33，并且只有少量核心公共空间较多的乡村布局较为均衡。

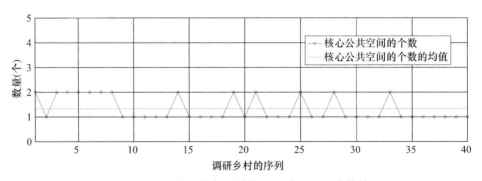

图 5.10　西安周边样本乡村核心公共空间的个数情况

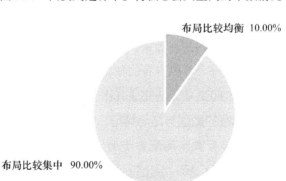

图 5.11　西安周边样本乡村核心公共空间的布局情况

综合以上西安周边样本乡村公共空间平面形态特征、总体风貌特征以及配置的类型与布局特征的分析（附录Ⅰ），可以得出：西安周边很多乡村公共空间建设的城市化、指标化、同质化现象较为严重，破坏了乡村原本的样貌，造成了地域文化的流失（乡村地域文化是一种区别于城市建设的核心竞争力，是一种特殊的感受，包括对自然环境、手工艺、生活场景、文化传承的感受），从而使得乡土记忆消逝，维系公共理念的纽带松弛，村民对于乡村认同感逐步淡化；另外，大部分乡村公共空间的设置过于集中，方便维护管理，但是造成公共空间对于远离集中设置区域的大部分村民来说可达性较差，可达性的减弱直接削弱了公共空间对于人们的吸引力，这也造成乡村公共空间活力不足。

西安周边乡村整体形态的空间特征及其对社会域的影响，如图 5.12 所示。

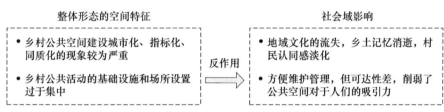

图 5.12　整体形态的空间特征及其对社会域的影响

5.3.2　公共空间构成要素及其对社会域的影响分析

从公共空间的平面构图和形态来看，点状、线状和面状被视作公共空间必不可少的基本形式要素。因此，本节以西安周边样本乡村公共空间为对象，从公共空间的点状、线状、面状出发，统计分析公共空间构成要素的空间特征，并分析其对社会域的影响。样本乡村公共空间构成要素具体的空间特征情况见附录Ⅰ。

5.3.2.1　点状公共空间特征及其对社会域的影响

点状公共空间是乡村内部尺度较小的公共空间，其在村内分布范围较广，形态和类型多样。主要包括两大类：小型空间节点和公共建筑。其中，小型空间节点包括：村入口、涝池、古树、古井、桥、小型绿地等；公共建筑包括：村民服务中心、庙宇、祠堂、戏台、教堂等。村民在"点"状公共空间进行的活动具有相对静止、停留性较强的特征，如：树下休憩、村民服务中心开会、庙宇祭祀等。西安周边乡村典型的"点"状公共空间主要有以下几种：

1. 村入口

村入口，简称村口，是行人和车辆进出村的必经之处，作为入村的标识空间与前导过渡空间，是最能直接展示乡村地域文化特色的重要节点，其在村民心目中具有特殊的地位。尤其是对于自然生长的乡村来说，村入口就像是一扇看不见的"大门"，是全村的象征和标志，村入口从某种意义上要比单个村民的家门显得更加重要。

对西安周边样本乡村的入口空间进行调研并统计。村入口的设置总体情况如图 5.13a 所示，所有样本乡村都设置有村入口；其空间形态如图 5.13b 所示（如果有多处入口标识，则选一处最主要的），其中石头刻字占 20.00%，简易牌坊占 25.00%，简易标识牌占 27.50%，结合地域文化或周围环境精心设计占 22.50%，其他形式占 5.00%；其功能的复合情况如图 5.13c 所示，其中单一标识功能的占 80.00%，与游憩花园、古树、凳椅、广场、小游园等其他功能复合的占 20.00%。

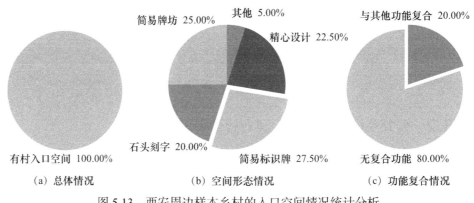

（a）总体情况　　　　（b）空间形态情况　　　　（c）功能复合情况

图 5.13　西安周边样本乡村的入口空间情况统计分析

由以上统计分析可以得出：西安周边乡村都设置有村入口空间，具有一定的标识性和方向性，但其形态（如石头刻字、简易牌坊、简易标识牌等）多数与该乡村地域文化特色和具体周边环境没有特定的关联性，无法引发村民的共鸣，并且村入口空间除乡村标识以外的其他复合功能偏少，无法有效地在其空间中引发其他关联活动（如休憩、聊天、停留等）。

西安周边乡村村入口空间特征及其对社会域的影响如图 5.14 所示。

图 5.14　村入口特征及其对社会域的影响

2. 庙宇

庙宇作为中国乡村传统非居住公共建筑类型之一，是村民重要的精神寄托，是日常进行祭祀和宗教类活动的核心场所。从社会功能的角度来看，它在乡村公共生活中有着不可忽视的作用，无论其地位是否合法，存在是否合理，它在客观上发挥着心理调适、精神寄托等显性功能，以及社会整合、社会治理等隐性功能，并且伴随着社会的转型和世俗化发展，乡村庙宇更是有望成为整合村民民间信仰的中心[191]。庙宇在西安周边乡村中也广泛分布，以佛、道、儒等为主。

对西安周边样本乡村的庙宇进行调研并统计。乡村中庙宇的设置总体情况如图5.15a和b所示，全部乡村都有对应的庙宇，一个村独用或多个村共用；其位置情况如图5.15c所示，其中位于乡村组团内部的占20.00%，组团边界的占27.50%，组团附近的占52.50%；其空间形态通常矮小简单，大部分仅一间或三间正殿，再加围墙，形式和尺度情况如图5.15d所示，其中与民居无明显区分的占75.00%，与民居有明显区分的占25.00%；其整修情况如图5.15e所示，其中新建庙宇的占12.50%，重修庙宇的占17.50%，年久失修的庙宇占70.00%；其公共服务性基础设施情况如图5.15f所示，完善的占5.00%，中等的占2.50%，缺乏的占92.50%。

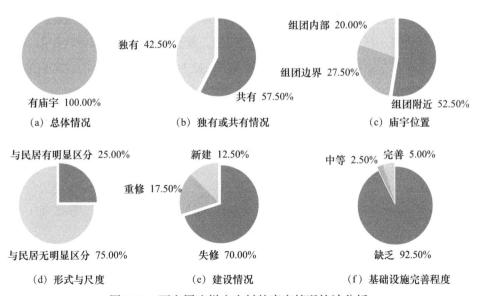

图5.15　西安周边样本乡村的庙宇情况统计分析

由以上统计分析可以得出：西安周边基本所有乡村都有对应的庙宇，有些虽然选址较为偏僻，但是能够基本满足村民信仰类活动的需求；庙宇大多数体量较小，其形式与尺度多与普通的单层民居类似，无寺庙特色，无法引发村民共鸣，并且大多数庙宇年久失修，比较破败，缺少相关的公共服务性基础设施，无法有效地引发除祭祀类活动以外其他关联的自发性和社会性活动。

西安周边乡村庙宇空间特征及其对社会域的影响如图 5.16 所示。

图 5.16　庙宇空间特征及其对社会域的影响

3. 村民服务中心

村民服务中心是乡村综合性服务、公共管理的场所，具有很强的政治色彩。在各种乡建政策的引导下，其作为当前乡村最为核心的公共空间，是首要考虑重建或者改建的对象，因此，村民服务中心是在外部行政力量影响下产生的典型公共空间。此外，村民服务中心一般与乡村的大型广场、戏台、卫生室等其他公共空间设置在一起，区域整体上具有行政服务、休闲娱乐、文化教育、医疗养老等复合功能。

对西安周边样本乡村的村民服务中心进行调研并统计。村民服务中心的设置总体情况如图 5.17a 和图 5.17b 所示，全部乡村都有对应的村民服务中心，其中，新建的占 92.50%，改建的占 7.5%，无未改建的；由于大多是在国家或地方政府政策、标准（导则）指导下建设的，其建筑形态尺度都比较相似，总体情况如图 5.17c 所示，现代建筑风格的占 92.50%，传统关中建筑风格的占 7.5%。其功能的复合程度都比较高，多数都具有行政服务、休闲娱乐、文化教育、宣传集会等功能，少量还兼有医疗、养老等功能。

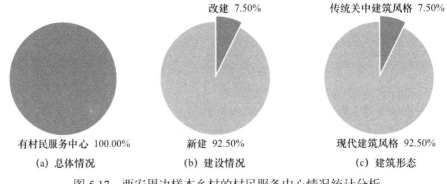

图 5.17　西安周边样本乡村的村民服务中心情况统计分析

由以上统计分析可以得出：西安周边乡村几乎都新建或者改建了村民服务中心，其区域公共服务性基础设施较为完善，能够满足村民日常生产生活需要，具备各种社会活动开展的基础条件；但是村民服务中心建设大多简单参照城市建设标准或根据建设经验来确定空间规模，未能综合考虑各个乡村特殊的自然和社会人文环境，以及乡村区别于城市的生活方式、使用习惯等因素的影响，使其建筑形态并未很好转译成原有关中乡村建筑的空间原型，再加上浓厚的政治文化表征，造成了村民服务中心相关建设存在城市化、政治化、同质化等问题，使得村民的归属感不强、体验感较差，无法很好引发村民对乡村的记忆和共鸣。

西安周边乡村村民服务中心空间特征及其对社会域的影响如图5.18所示。

图 5.18　村民服务中心空间特征及其对社会域的影响

4. 古井、古树

古井、古树等是带有明显历史痕迹的公共空间，是自然生长型乡村必不可少的景观要素，也是乡村演变过程中较为稳定的公共空间要素之一，其在村民心中占据重要地位，是村民心灵的寄托，更是村民"……生于斯，长于斯，而且在斯开宗明义、领悟了教诲、懂得为人……"乡土记忆的重要组成部分[192]。古井是百姓日常取水工具，滋养着一代代村民，是村民重要的生产生活要素；树龄较长的树木则被认为是具有灵性且加以崇拜，是乡村安居乐业、风调雨顺的象征。古井、古树等是传统公共空间格局得以延续的重要组成部分。

对西安周边样本乡村的古井、古树等带有明显历史痕迹、稳定的公共空间要素进行调研并统计。古井总体情况如图5.19a所示，当前还保留古井的乡村只有4个，占10.00%，但是几乎所有乡村历史上都曾有此类型的公共空间；其功能如图5.19b所示，古井原本的取水功能都已经消失，其中3个乡村的古井经改造与小游园复合，具有休闲游憩功能，其余1个乡村的古井处于废弃状态，几乎没有社会功能。古树总体情况如图5.20a所示，当前还保存有较多古树的乡村占67.50%，但是几乎所有乡村历史上也都曾有此类型的公共空间；当前古树的功能复合如图5.20b所示，保存有古树且经过改造有其他复合功能的乡村占近半数，主要与凳椅、广场、小游园等进行复合。

由以上统计分析可以得出：西安周边乡村几乎都存在或者曾经存在带有明显历史痕迹的古井、古树等公共空间，可以作为村民乡土记忆的环境要素，进行心灵寄托和往事回忆；当前这些带有明显历史痕迹的古井、古树等的公共空间大部分已经消失，现存部分进行一定程度的保护、改建或扩建，还有一部分处于荒废状态，与其他功能性空间的复合程度并不高，无法有效地吸引村民在其空间中驻足停留，长时间休憩、聊天等，也无法很好地守护村民的心灵寄托和往事回忆。

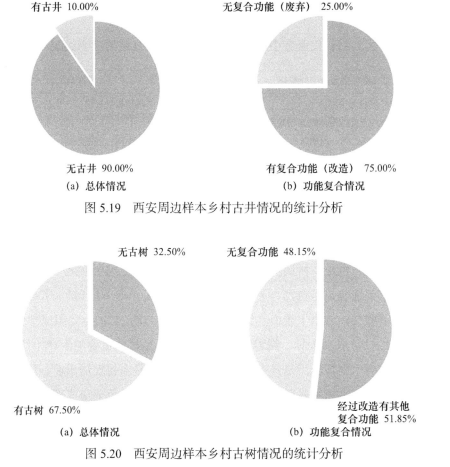

有古井 10.00%

无古井 90.00%

（a）总体情况

无复合功能（废弃） 25.00%

有复合功能（改造） 75.00%

（b）功能复合情况

图 5.19　西安周边样本乡村古井情况的统计分析

无古树 32.50%

有古树 67.50%

（a）总体情况

无复合功能 48.15%

经过改造有其他复合功能 51.85%

（b）功能复合情况

图 5.20　西安周边样本乡村古树情况的统计分析

西安周边乡村古井、古树等空间特征及其对社会域的影响如图 5.21 所示。

古井、古树等的空间特征

- 都存在或曾经存在古井、古树等带有明显历史痕迹的空间
- 大部分已经消失，现存部分处于荒废状态，与其他功能性空间的复合程度并不高

反作用 ⇒

社会域影响

- 可以作为村民乡土记忆的自然环境要素
- 无法有效地吸引村民在其空间中驻足停留，长时间休憩、聊天

图 5.21　古井、古树等空间特征及其对社会域的影响

5.3.2.2 线状公共空间特征及其对社会域的影响

线状公共空间是乡村空间系统的骨架，其将点状公共空间和面状公共空间串联起来，便形成了乡村完整的公共空间结构。乡村中典型的线状公共空间包括河流与街巷两大部分，由于本书西安周边样本乡村中公共空间只有少数乡村有河流，且与其相关联的村民社会活动较少，因此，本书主要对乡村中的街巷空间进行分析研究。街巷空间是村民进行动态活动（如散步、跑步等）和静态活动（如休憩、驻足交谈等）的主要场所，是村民日常生活中不可或缺的公共空间。

对西安周边样本乡村的街巷公共空间进行调研并统计。主要调研统计街巷的分类和层次性、典型街巷的宽度、典型街巷的长度和纵深变化、典型街巷的横断面和宽高比（D/H）、连接形式等。

1. 去除部分乡村具有的过境公路，街巷的分类和层次性情况如图 5.22 所示，其中有明显层次结构的占 67.50%，无明显层次结构的占 32.50%。在街巷有明显层次结构的乡村中，主要街巷一般分为两类：主路和巷道，有明显层次结构乡村中的主路和巷道宽度情况（每一乡村选一条典型的主路和巷道）如图 5.23 所示，主路宽度均值为 7.63m，标准差为 0.07，巷道宽度的均值为 4.37m，标准差为 0.12，无明显层次结构的乡村中街巷宽度情况（每一乡村选一条典型的街巷）如图 5.24 所示，街巷宽度均值为 6.23m，标准差为 0.34。

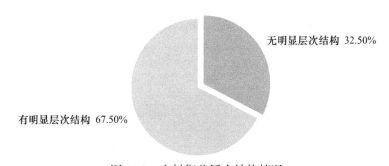

图 5.22　乡村街巷层次结构情况

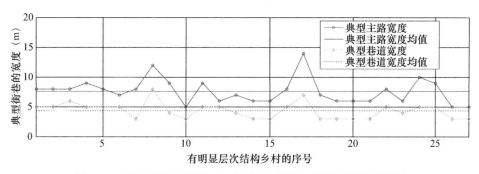

图 5.23　有明显层次结构的乡村典型主路和巷道宽度统计结果

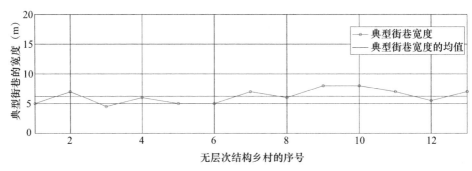

图 5.24　无层次结构的乡村典型街巷宽度统计结果

2. 街巷的长度和纵深变化情况（对于有明显层次结构的乡村选一条典型的主路，对于无明显层次结构的乡村则选一条典型的街巷）如图 5.25 和图 5.26 所示，其中街巷长度的均值为 449.84m，标准差为 8.86，不同的乡村街巷长度变化较大；街巷纵深变化情况中直线型的街巷占 77.50%，折线型的街巷占 10.00%，曲线型的街巷占 12.50%。

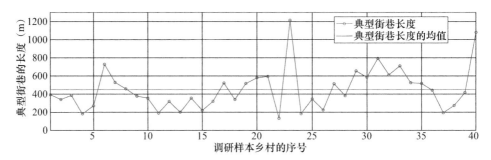

图 5.25　乡村典型街巷长度统计结果

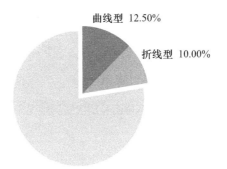

图 5.26　乡村典型街巷纵深变化情况

3. 街巷的横断面和宽高比（D/H）情况，街巷的典型横断面模式主要有以下四种模式：

模式 1：建筑－街巷－建筑

这种模式两侧是建筑，中间只有街巷，该模式在主路和巷道上普遍存在。

西安周边乡村的建筑高度多为一层（包括一层的民居或者围墙）或两层（主要是指两层的民居），一层的建筑檐口高度约为3m左右，二层的建筑檐口高度约为6m左右，并且调研的西安周边样本乡村多数处于平地，街巷两边的建筑基本处于同一标高。因此，模式1主要有两种子模式，见表5.4模式1a和模式1b。其中，模式1a中街巷为主路（主路的宽度约为6～7m），这种模式下街巷的D/H的范围约为1至2.3，该类型街巷尺度较为合适，给人舒适感较好；模式1b中街巷为巷道（巷道的宽度约为3～5m），这种模式下街巷的D/H的范围约为0.5至1.6，该类型下的部分街巷尺度空间围合较为封闭，容易给人压抑、不安全感。街巷的典型横断面模式1，见表5.4。

街巷空间横断面模式1　　　　　　　　　表5.4

模式1示意图	模式1a（主路）	模式1b（巷道）	特征
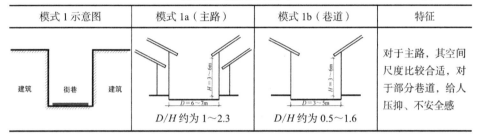	$D=6\sim7m$　$H=3\sim6m$ D/H约为1～2.3	$D=3\sim5m$　$H=6m$左右 D/H约为0.5～1.6	对于主路，其空间尺度比较合适，对于部分巷道，给人压抑、不安全感

模式2：建筑－街巷－自然要素－建筑

这种模式两边是建筑，中间既有街巷，又有自然要素（一侧或两侧都可，见表5.5模式2a和模式2b），该模式中的自然要素可以是花坛、菜园、树林等，该模式在主路普遍存在，也存在于部分乡村的少量巷道中。由于该模式下自然要素尺度大小不一（包括高度和宽度），并无特定规律，因此该模式下街巷的D/H也无特定的范围。比如：自然要素为花坛或是小块菜园，则D/H的范围约在1至2；而当自然要素为绿化面积且达到一定规模时，D/H的比值会较大，街巷就会成为半开敞、围合感较弱的空间，此时该街巷的空间感受近似于面状公共空间的尺度感受。街巷的典型横断面模式2，见表5.5。

街巷空间横断面模式2　　　　　　　　　表5.5

模式2示意图	模式2a（一边有自然要素）	模式2b（两边有自然要素）	特征
自然要素 建筑　街巷　建筑	$H=3\sim6m$　$D=6\sim7m$ D/H无特定范围	$H=3\sim6m$　$D=6\sim7m$ D/H无特定范围	自然要素为花坛或小块菜园，其空间尺度一般比较合适，而为绿化且面积达到一定规模，街巷会显空旷

模式 3：建筑－街巷－自然要素

这种模式街巷的一边是建筑，另一边是自然要素，该模式中的自然要素一般为农田、果园等大面积空间，该模式主要存在于乡村主路，并且往往出现在乡村的边缘。在该模式下，对于建筑一侧，其街巷 D/H 的范围如同模式 1 的分析，而对于自然要素的一侧，如果有行道树一类的景观，则街巷的 D/H 的范围约在 1 至 2，街巷的尺度合适，如果没有，街巷的这一侧则为半开敞、围合感较弱的空间。街巷的典型横断面模式 3，见表 5.6。

街巷空间横断面模式 3   表 5.6

模式 3 示意图	模式 3a（无行道树）	模式 3b（有行道树）	特征
建筑　街巷	自然景观一侧 D/H 很大	自然景观一侧 D/H 约为 1～2	建筑一侧特征如模式 1，自然要素一侧，如有行道树，街巷 D/H 约为 1 至 2，尺度合适，如果无，街巷这一侧则为半开敞、围合感较弱的空间

模式 4：自然要素－街道－自然要素

这种模式两边是自然要素，中间为街巷，该模式中的自然要素一般也为农田、果园等大面积空间，该模式在乡村聚落内部存在较少，主要存在于部分乡村的进村主路。该模式下的街巷 D/H 分析如同模式 3 街巷自然要素一侧的分析。街巷的典型横断面模式 4，见表 5.7。

街巷空间横断面模式 4   表 5.7

模式 4 示意图	模式 4a	模式 4b	特征
自然要素　街巷　自然要素	街巷两侧的 D/H 很大	街巷两侧的 D/H 约为 1～2	其街巷两侧的特征分别如模式 3 中自然要素一侧的特征分析

4. 街巷的连接形式情况如图 5.27 所示，其中以十字为主的占 85.00%，丁字为主的占 10.00%，L 字为主的占 5.00%。

由以上统计分析可以得出：西安周边大部分乡村街巷空间主要分为主路和巷道两类，且层次感较强，有利于为村民提供向导，部分主路过长且过直，缺乏曲折变化，且沿途缺乏必要的景观小品，使人容易产生枯燥单调感，不利于交往活动的产生；大部分街巷空间 D/H 的值约为 1 至 2，具有较好的围合感，可容纳社交、停留活动，少部分街巷空间 D/H 过大，围合感较弱，空间使人感到空旷、开放，还有极少量的街巷空间 D/H 过小（主要是模式1中的两侧是双层建筑的情况），使人的视线受到限制，空间界定感强烈，给人压抑、不安全感；街巷空间的相交模式主要以十字连接为主，该连接模式如果没有其他附加的掩挡效果，不利于更好地产生社交、停留活动。

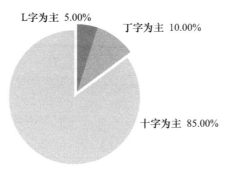

图 5.27　乡村街巷的连接形式情况

西安周边乡村街巷空间特征及其对社会域的影响如图 5.28 所示。

街巷的空间特征		社会域影响
• 街巷空间大多具有层次感 • 部分主路过长且过直，缺乏曲折变化，且沿途缺乏必要的景观小品 • 街巷空间D/H的值大多约为1~2 • 街巷空间的相交模式主要以十字连接为主	反作用 ⟹	• 层次感有利于为村民提供向导 • 部分主路使人容易产生枯燥单调，不利于交往活动的产生 • 街巷空间大多具有较好的围合感 • 如果没有其他附加的掩挡效果，不利于产生社交、停留活动

图 5.28　街巷空间特征及其对社会域的影响

5.3.2.3　面状公共空间特征及其对社会域的影响

面状公共空间是乡村空间系统中最为重要的一部分。相比点状公共空间，面状公共空间数量较少，但其具有更大的平面尺度和容纳更多种类公共活动的性质。乡村中典型的面状公共空间包括广场（文化广场、健身广场、停车场等）、田地、公共绿地、河塘等。由于本书的西安周边样本乡村中公共绿地、河塘这两类面状公共空间较少，并且田地类公共空间除了特殊季节外，其余时间村民发生活动机会较少，因此，本书对以上三种面状公共空间不做专门研究，主要对乡村组团内部的广场空间进行分析研究。广场空间是村民进行大型集体性、纪念性、宗教性活动必不可少的场所，也是村民日常动态活动（如散步、健身等）和静态活动（如休憩、驻足交谈等）的主要场所。

对西安周边样本乡村的广场空间进行调研并统计。主要调研统计典型广场空间的位置，特征指数，长短轴长度、面积和宽高比（D/H），地面材质等。对于有多个广场的乡村，则选该乡村最为重要的一个作为该乡村的典型广场。

1. 广场空间的位置情况如图 5.29 所示，其中位于乡村组团中心区域的占 25.00%，位于乡村入口区域的占 52.50%，其他位置的占 22.50%。

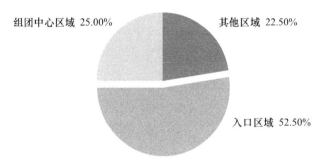

图 5.29　西安周边样本乡村典型广场空间位置情况的统计结果

2. 形状指数是景观生态学领域广泛应用的数学指数，借用该领域形态指数的概念[193]，本书定义的广场空间形状指数（Square Shape Index，SSI）主要表征广场形态的复杂程度，该指数是一种以紧凑形状（如圆形、椭圆、正方形等，视需要而定）面积为参照标准的数学测量，表示其形态与等面积的参照图形之间在形状上的偏离程度，即"形态偏离度"。其计算公式如式（5-1）：

$$SSI = \frac{E}{E_0} \qquad (5\text{-}1)$$

其中，E 为广场空间边界的总长度，E_0 为与广场空间等面积的参照图形的边界的总长度。

由于乡村公共空间主体轮廓多为矩形，本书以正方形和椭圆为面状公共空间的参照标准，其形态指数的计算公式如式（5-2）和式（5-3）[194]。

$$SSI_1 = \frac{E}{4\sqrt{A}} \qquad (5\text{-}2)$$

$$SSI_2 = \frac{E}{(1.5\lambda - \sqrt{\lambda} + 1.5)}\sqrt{\frac{\lambda}{A\pi}} \qquad (5\text{-}3)$$

其中，SSI_1 表示以正方形为参照标准的形态指数，SSI_2 表示以与广场空间等长宽比的椭圆为参照标准的形态指数，E 为广场空间边界的总长度，A 为广场空间的总面积，λ 为长宽比。

由以上公式可得，广场空间形状指数的最小值为 1。其数值越接近 1，说明该形状与参照的紧凑形状越接近，边界的凹凸程度就越简单，形态越平滑，公共空间内部与外部基质之间的关系越生硬，在空间形态上也越单调；反之，数值越偏离1，说明该图形与参照的紧凑形状偏离程度越高，也就是该形状边界的凹凸程度就越复杂，形态越琐碎，公共空间内部与外部基质之间相互渗透，空间形态上越多样，体验也越丰富。

广场空间的形状指数情况如图5.30所示。乡村广场空间的 SSI_1 和 SSI_2 都普遍接近1，其平均值分别为1.1370和1.2113，标准差分别为0.1497和0.1644，表明面状公共空间无论以椭圆形还是以正方形为参照标准，其形状都比较规则，都接近于规则的矩形，而边界的凹凸程度就较简单，复杂度较低。

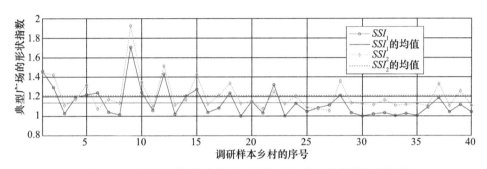

图5.30　西安周边样本乡村典型广场空间形态指数的统计结果

3. 广场的长短轴长度、面积、宽高比（D/H）和围合情况分别如图5.31、图5.32、图5.33和图5.34所示。从图5.31和图5.32可以得出，其长轴与短轴的均值分别为55.5358m和35.2788m，标准差分别为22.8953和17.6899，面积的均值为2078.0565m²，标准差为2142.9164，表明乡村广场空间的长短轴普遍大于20m到25m的相对理想范围[195]，其中乡村的广场空间长轴在最适宜尺度区间内的比例为0，小于最适宜尺度最小值的比例为0，短轴在最适宜尺度区间内的比例为15.00%，小于最适宜尺度最小值的比例为12.50%，表明乡村广场空间的基面尺度普遍偏大，并且各个乡村之间广场空间平面尺度的差别也较大。从图5.33可以得出，乡村广场空间的边界建筑的高度普遍为2或3层，有少量为1层，其 D/H 的均值为9.2241，标准差为4.7515，表明乡村广场空间的 D/H 普遍高于1:1到3:1的相对理想范围[194]，乡村广场空间 D/H 在最适宜尺度区间内的比例为2.50%。从图5.34可以得出，广场有明显围合的占35.00%，围合偏弱的占50.00%，基本无围合的占15.00%。

4. 广场空间的平面材质情况如图5.35所示，其中水泥材质为主的占80.00%，透水砖材质为主的占12.50%，其他材质（如彩色沥青、青砖、花岗石等）的占7.50%。

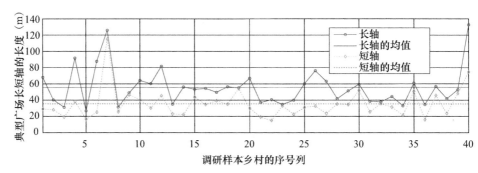

图 5.31　西安周边样本乡村典型广场空间长宽轴的统计结果

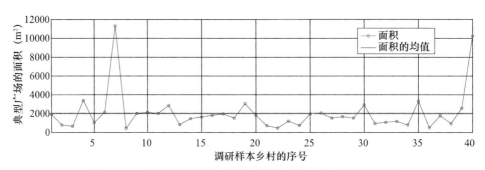

图 5.32　西安周边样本乡村典型广场空间面积的统计结果

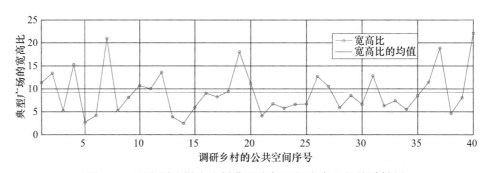

图 5.33　西安周边样本乡村典型广场空间宽高比的统计结果

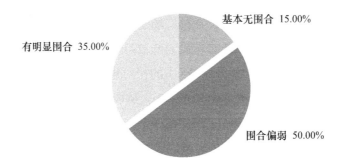

图 5.34　西安周边样本乡村典型广场空间围合情况的统计结果

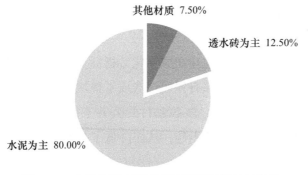

图 5.35　乡村典型广场平面材质情况的统计结果

　　由以上统计分析可以得出：西安周边大部分乡村广场空间大多位于组团入口区域，表明其对外展示功能大于其实际使用功能，广场空间可达性一般；乡村广场空间形状总体比较规则，能够给人以方向感和秩序感，但是空间形态总体比较单调，体验不够丰富；在各种乡村建设政策驱动下，西安周边乡村中广场空间的尺度普遍偏大，虽然这种大尺度面状公共空间在提升乡村形象、宣传乡建成果、代言乡村旅游等方面起到了一定的正面作用，但是大部分广场的空间围合效果不佳，不利于引导村民活动、促进邻里交往、激发乡村社会活力，这一特征也在很大程度上导致了当前很多乡村广场空间活力不足；广场空间的铺装材质以现代新型材料（如水泥、彩色沥青等）为主，本土传统材料使用较少，不利于村民产生亲切感和触发乡土记忆，从而无法有效地吸引村民前往广场空间开展各类活动。

　　西安周边乡村广场空间特征及其对社会域的影响如图 5.36 所示。

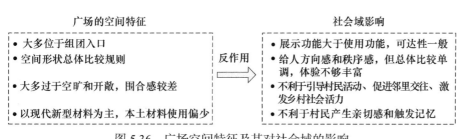

图 5.36　广场空间特征及其对社会域的影响

5.3.3　"空间为因"的分析结论

　　本节对西安周边样本乡村进行了详实的田野调查、实地测绘以及资料收集整理，运用类型学和数理统计的方法，分类描述了乡村公共空间"空间域"的整体形态特征和构成要素特征，并基于环境心理学分析了空间特征造成的社会域影响。分析得出：

1. 从乡村公共空间整体形态来看，公共空间骨架以布局紧凑、规模适中的团块状为主，其整体风貌存在城市化、指标化、同质化现象，急功近利的公共空间建设破坏了乡村原有样貌，造成了地域文化流失，使得村民归属感流逝、认同感淡化。此外，多数乡村的公共空间配置不均衡，未能形成良好的循环体系，造成可达性不佳，从而降低了公共空间对于部分村民的吸引力。

2. 从乡村公共空间构成要素来看，点状公共空间的空间特征普遍存在地域文化缺失、空间功能单一等现状问题，线状公共空间（主要是街巷）的空间特征普遍存在缺乏曲折变化、以十字连接为主等现状问题，面状公共空间（主要是广场）的空间特征普遍存在围合感不佳、地域文化缺失等现状问题，使得公共空间现状与村民情感依托和心理诉求产生断层，不利于村民产生亲切感和触发乡土记忆，也不利于更多公共活动的产生和开展。

综上，西安周边乡村公共空间"空间域"存在很多具体的现状问题，也产生了很多"社会域"的不良影响，该乡村公共空间"空间域"对"社会域"的反作用机制（即"空间为因"）的分析，可为下一步针对性设计和推导乡村公共空间"空间域"相关优化策略奠定基础。

5.4　本章小结

本章分析了乡村公共空间"社会域"对其"空间域"的影响机制，运用空间生产理论中的"三元辩证法"来分析乡村公共空间的生产机制和内在逻辑，对当前乡村公共空间的"空间域"现状进行"社会域"溯源，即"空间为果"。研究认为，当前乡村公共空间生产更多是政府自上而下单向驱动的结果，而村民日常生产生活对乡村公共空间的表征空间存在"大内化"与"小反抗"并存的局面。另外，还分析了乡村公共空间"空间域"对其"社会域"的反作用机制，综合运用类型学和数理统计方法对乡村公共空间整体形态和构成要素的"空间域"特征进行详细描述，并基于环境心理学分析了"空间域"特征的"社会域"影响，即"空间为因"。研究认为，乡村公共空间"空间域"的整体形态存在城市化、指标化、同质化等问题，而部分构成要素存在地域文化缺失、空间功能单一、空间尺度不合适等问题。本章"社会－空间"相互作用机制分析中得出的西安周边乡村公共空间"社会域"和"空间域"存在的具体问题，

为下一章基于"社会－空间"一体西安周边乡村公共空间优化策略的针对性
设计提供了基础。

6 基于"社会－空间"一体的乡村公共空间优化策略研究

基于本书第 4 章得出的西安周边乡村村民对公共空间"社会域"与"空间域"需求，结合本书第 5 章分析乡村公共空间"社会域"与"空间域"相互作用关系得出的"社会域"与"空间域"存在的具体问题，本章试图在认识其发展规律的基础上，深入分析乡村公共空间优化的目标和基本原则，基于社会空间统一体理论，从"社会域"和"空间域"两个层面分别针对性地给出西安周边乡村公共空间优化策略，即研究基于"社会－空间"一体乡村公共空间优化策略。

基于本书第 5 章"空间为果"的分析，乡村公共空间"社会域"的核心问题是政府单向驱动，而村民内化多抵制小，它归属于"社会域"的社会规范中层，本章在针对性给出乡村公共空间"社会域"优化策略过程中，不仅考虑了对社会规范中层的优化策略（具体为：多方参与，内力重构），也适当向"社会域"的意识形态深层和日常活动表层拓展，统筹考虑了意识形态深层的优化策略（具体为：素质提升，价值认同）和日常活动表层的优化策略（具体为：科学引导，兼顾产业）。

基于本书第 5 章"空间为因"的分析，其主要归纳分析了乡村公共空间整体形态和"点、线、面"公共空间构成要素的具体问题，它归属于"空间域"中的宏观层面和中观层面，本章在针对性给出乡村公共空间"空间域"优化策略过程中，不仅考虑了对宏观层面的优化策略（具体为：整体风貌延续＋空间"微循环"）和中观层面的优化策略（具体为："点、线、面"系统关联），也适当向"空间域"的微观层面延伸，统筹考虑了微观层面的优化策略（具体为：

要素功能的整合与复合）。

另外，基于本书第5章"社会－空间"相互作用机制总体分析，"社会域"的优化策略和"空间域"的优化策略两者并不是一种平行关系，而是相互促进、迭代提升的关系。

因此，本章在分析和明确乡村公共空间优化的总体目标和基本原则的基础上，针对性给出"社会域"和"空间域"的优化策略，"社会域"的策略主要从意识形态深层、社会规范中层、日常活动表层三个方面对隐性社会要素进行统筹设计，"空间域"的策略主要从宏观、中观、微观三个层面对显性物质要素进行系统设计，并且两者是相互促进、迭代提升的关系，最后给出基于"社会－空间"一体乡村公共空间优化策略运用的总体原则与一般流程。本章基于"社会－空间"一体的乡村公共空间优化策略的总体研究思路，如图6.1所示。

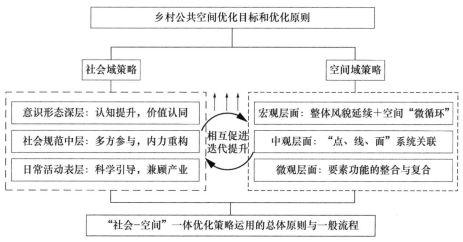

图6.1　基于"社会－空间"一体的乡村公共空间优化策略总体研究思路

6.1　优化的目标和基本原则

6.1.1　优化的目标——空间正义

西安周边乡村公共空间"社会域"与"空间域"产生的所有问题，归根到底都是空间不正义体现，因此，乡村公共空间优化的总体目标应该是空间正义。

空间正义是指社会正义理念在空间维度上的体现[196]，其理论主要源于对空间剥夺、空间隔离、空间阶层化、空间情感消逝等一系列城市空间非正义问题的关注，Pirie[197]、Soja[198]、Harvey[199]、Dikec[200]等学者对其都有相关研究，当前该理论的应用研究仍以城市空间为主[201-202]，并逐渐拓展至城镇空间[203-204]和乡村空间[205]。空间正义理论早期更多关注分配正义，现代空间生产促进了从"空间中的生产"向"空间的生产"的研究转变，指出空间生产过程也需要正义逻辑的规范，Dikec在此基础上将空间－正义之间的辩证关系总结为空间性的正义和正义的空间性，并指出空间性的正义是指空间的社会生产过程中的正义性，正义的空间性是指可以通过空间的视角观察和判别存在于空间中的正义性[206-207]。

基于Dikec的上述观点，本书认为：空间性的正义更多是指与空间关联的社会要素的正义，即"社会域"的正义，包括空间关联博弈力量之间关系、空间管理模式、空间管理方法等[208]的正义性；正义的空间性更多是空间自身的正义，即"空间域"的正义，包括空间布局的可达性、功能的复合性、尺度的适宜性等。

因此，本书将乡村公共空间"空间正义"的优化目标分解为空间性的正义和正义的空间性两个方面，即"社会域"正义和"空间域"的正义，并结合本书第4章得出的西安周边乡村公共空间村民需求的理论模型，对"社会域"正义和"空间域"的正义两个方面进行详细解释并分析。

其中，乡村公共空间"社会域"的正义：即空间性的正义，主要包括多元主体参与的平等性[172]、包容精神文化的多样性[196]、异质文化活动的丰富性[205]、相关产业配套的适宜性[202]、相关管理制度的完善性[208]等，其本质是从制度和机制上能够保障村民可以相对公平地参与乡村公共空间的生产和消费；乡村公共空间"空间域"的正义：即正义的空间性，主要包括选址布局的生态均衡性[208]、相关设施功能的完善性[208]、空间功能模式的复合性[209]、尺度材质色彩的合理性[210]、环境景观设计的在地性[69]等，其本质是从空间上能够保证和促进村民可以相对平等、自由、舒适地消费和享有乡村公共空间。

综上所述，本书西安周边乡村公共空间"空间正义"优化目标的具体内容，如图6.2所示。可以得出，该"空间正义"优化目标包含西安周边乡村公共空间村民需求理论模型的全部主范畴内容。

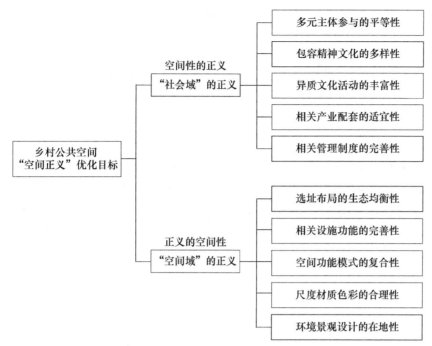

图 6.2　西安周边乡村公共空间"空间正义"优化目标的具体内容

6.1.2　优化的基本原则

基于西安周边乡村公共空间"空间正义"优化目标，其优化的基本原则包括：生态优先原则、系统整体原则、乡土主义原则、以人为本原则和持久长效原则。

1. 生态优先原则——空间生产自然生态

自然生态环境是乡村赖以生存的物质基础，乡村公共空间的优化应该遵从"天人合一"的哲学思想，秉持顺应自然、因地制宜、趋利避害、低碳节能等科学价值。具体的西安周边乡村公共空间优化，应充分尊重该区域秦岭山地与渭河平原的总体生态格局和景观风貌，尽可能保留西安周边乡村的乡土植物，保持人工与自然在公共空间上的连续性，并充分利用本土现有材料与建设技术，做到真正的"在地化建设与优化"；同时，西安周边乡村公共空间优化过程应注重"节地、节能、节水、节财"的基本方针，做到既能环境友好又能节约资源，真正给村民提供舒适又便于生活的公共空间。生态优先原则是乡村公共空间优化并使其可持续发展的基础。

2. 整体系统原则——整体有机相互关联

乡村公共空间无论是作为一个单独整体或者是作为其他整体的一个部分，

其优化过程应该考虑与自身各构成要素或者与其他要素之间的关联性。乡村公共空间的优化应该将其各个构成要素（如点、线、面）作为一个整体考虑，注重各要素之间样式、风格、功能等的协调性和系统性；同时，乡村公共空间优化应该与所在乡村的空间整体规划建设相统一，乡村公共空间的优化是乡村空间整体规划建设的重要组成部分，其不能脱离整个空间系统而孤立进行优化，另外乡村公共空间优化应注重同一地域的乡村公共空间整体性，应该从同一地域全局的系统性出发，考虑各个乡村公共空间相互之间的联系。整体系统原则是乡村公共空间优化后乡村整体空间风貌协调统一的前提。

3. 乡土主义原则——传承创新地域文化

乡土性是一个地方区别于其他地方的景观特质，突出体现了地方性特征[211-214]，是受自然环境、社会经济、社会秩序等多种因素长期综合作用影响，形成的独特地域文化方式，是强化乡村认同感、归属感的重要途径，保护和传承乡土性成为乡村公共空间优化过程中重要任务之一。西安周边乡村公共空间优化应该注重物质空间乡土性的延续，独具特色和独特认知体系的乡村公共空间物质景观体系，如厦房（房子半边盖）、拴马桩、抱鼓石等，是保留、认识和理解乡土性的最直接方式；同时，也应该注重非物质要素乡土性的延续，包括根植于社会特定人群的地方性知识、优良的生活习惯与生产方式、对社会现象的整体理解等，如秦腔、麦秆画、剪纸等，这些非物质要素通过合适物质载体进行表达，也是延续和传承乡土性的重要途径。乡土主义原则是乡村公共空间优化过程能够继承传统智慧和延续地域文化的保障。

4. 以人为本原则——村民主体强调参与

在乡村演变过程中，村民始终是乡村的主体角色，长久以来一直是乡村及其公共空间建设与发展的核心动力，也是乡村公共空间的实际使用者和管理者。乡村公共空间优化结果应该充分体现其公共性和场所体验感，其优化更多是为了引导村民前往公共空间开展公共活动，促进村民之间的社会交往活动，因此，优化后的乡村公共空间，在布局上应该使村民们能够方便到达并且进出自由，在尺度上应该是延续原有乡村亲切宜人的场所体验；另外，乡村公共空间优化过程应该强化村民主体的参与意识，尊重村民的主人翁地位和建设意愿，建立有效的激励机制和理念，唤醒村民的主动性和创造性，激发村民参与维护和建设乡村公共空间的热情。以人为本原则是乡村公共空间优化过程中能够始终凸显村民乡村主体地位的保障。

5. 持久长效原则——统筹兼顾经济效益

乡村公共空间优化不能永远进行单向经济输入，如果其不能很好地与乡村具体产业深度融合，不能切实起到改善村民经济收入的作用，势必不能持续调动村民的积极性和参与性，其优化成果不可能持久。因此，西安周边乡村公共空间优化过程需要注重产业与公共空间的"异质同构"，形成可持续发展的产业机制，吸引资本、劳动力和组织等生产要素回流乡村，如：利用公共空间发展乡村旅游业、高效农业、休闲农业等。持久长效原则是乡村公共空间优化成果可持续发展的保障。

其中，生态优先原则和整体系统原则主体属于乡村公共空间"空间域"的优化原则，乡土主义原则和持久长效原则主体属于乡村公共空间"社会域"的优化原则，而以人为本原则是既涉及乡村公共空间"空间域"又涉及"社会域"的优化原则。

6.2 乡村公共空间"社会域"的优化策略

以下主要从意识形态深层、社会规范中层和日常活动表层三个方面对西安周边乡村公共空间的"社会域"优化策略进行设计。

6.2.1 意识形态深层：认知提升，价值认同

意识形态是指社会的思想上层建筑，是一定社会或一定社会阶级、集团基于自身根本利益对现存社会关系自觉反映而形成的理论体系，它包括一定的政治、法律、哲学、道德、艺术、宗教等社会学说、观点，是该阶级、该社会集团的政治纲领、行为准则、价值取向、社会理想的思想理论依据[215]。村民的意识形态是指在漫长的农业文明发展过程中，乡村祖祖辈辈生活传承沉淀下，村民结合国家政治环境、群体价值取向、自身思维能力等因素影响，形成对乡村所有观念思想和价值观等要素的综合。简单来说，村民的意识形态是指对乡村所有事物的理解和认知。

乡村及其公共空间优化中的所有问题，归根到底都是村民自身的意识形态问题。当前，村民自身认知能力处于较低水平，其自身价值体系始终处于被支配地位，使得村民对于乡村公共空间的优化没有能力进行筛选和整合，对所有的城市资本入侵及其附属的社会权力渗透毫不拒绝，这是导致一系列乡村公共空间正义失衡问题的主要原因之一。因此，乡村公共空间"社会域"优化策略首先需要从村民的意识形态深层入手，提升村民的认知能力，重塑其关于乡村

及公共空间优化相关的价值体系。

6.2.1.1 加强宣传教育，提升认知能力

村民的认知能力，作为其进行社会交往、发展经济生产、处理社会事务、参与政治决策等的基础能力[216]，目前仍处于较低水平，最直接的表现是村民平均受教育年限较短，学历水平较低。从 2018 年年底西安各地区乡村居民受教育程度的人口分布来看，未上过学的占 9.27%，小学文化程度的占 19.19%，初中文化程度的占 46.83%，高中或中专文化程度的占 17.30%，大专及大专以上文化程度的仅占 7.41%，见表 6.1。

西安各地区乡村居民受教育程度的人口分布（2018 年） 单位：%

表 6.1

地区	未上过学	小学	初中	高中或中专	大专及以上
灞桥区	9.58	13.40	55.11	15.41	6.49
未央区	11.82	13.81	49.65	18.56	6.17
阎良区	9.04	21.50	45.66	15.99	7.81
临潼区	7.98	19.90	48.58	16.11	7.44
长安区	9.36	17.32	48.10	17.90	7.32
高陵区	8.26	15.83	50.62	17.27	7.43
蓝田县	8.31	21.72	50.42	14.81	4.74
周至县	11.12	22.27	40.54	18.10	7.97
鄠邑区	9.19	18.28	41.22	20.84	10.47
合计	9.27	19.19	46.83	17.30	7.41

（表格来源：《西安市第三次全国农业普查综合资料》西安市统计局）

因此，由于西安周边乡村村民的受教育程度不高而导致村民认知能力偏低，使村民对主流意识形态"认同"不足且存在不加排斥的"认异"现象（本质上是村民的文化程度与主流意识形态认同也呈正相关关系[217]），必然导致村民无法将自身的审美意识、道德观念、想法追求及生活需求附加在乡村公共空间优化上，进而影响乡村公共空间的有序更新。因此，在意识形态深层，首要需要解决的是提升村民关于乡村公共空间优化这一领域的认知能力，这是一个缓慢且动态的过程，而宣传教育作为提升村民认知能力的一种有效手段，具有作用直接、过程开放且影响范围广泛的特点。其具体方式除了当前主流的党和政府正面宣传教育外，还需要重点关注以下两个方面：

1. 充分发掘家族主义的内隐作用

传统中国乡村社会是以家庭为基础，家族是扩大了的家庭，服从家族权威

和长者的家族主义是几千年来中国传统文化的重要内容，中国乡村社会崇尚更多的是家族主义和宗族主义，而不是国族主义[218]。西安周边乡村多为自然生长的乡村（样本乡村都是自然生长的乡村），虽然历经变迁，但是家族主义在日常生活生产中仍在发挥作用，并且村民之间经常性地直接交流沟通的效果是明显好于党和政府正面的理论知识宣传教育，因此，在乡村及乡村公共空间优化方面的教育宣传过程中，家族主义的内隐作用是不可忽视的。应该将家庭、家族的乡村影响力与党和政府主导性的乡建相关知识相结合，努力将家族中具有一定威望的人培养成新一代乡建领域的精英，由他们来广泛传播党和政府关于新时期乡村建设政策、理论和知识等，不断扩大权威理论知识的覆盖面，从而不断提升广大村民认知能力，使其重新认识当前的乡村及乡村公共空间优化。

2. 充分发挥新媒体的平台作用

当前乡村建设相关知识宣传教育主要依赖党和政府的乡村建设口号标语、定期举行的乡村大讲堂等，其存在机动性差、知识面有限等问题，而当前各类新媒体平台（如：抖音、微信公众号、微信群等）在村民中使用广泛，因此，可以充分发挥这些新媒体平台在乡建知识宣传教育方面知识的平台作用，扩大其知识的覆盖率和获取率。可以通过搭建具有西安地区乡土特色的宣传教育平台，由景观设计师或乡村规划师结合西安周边乡村及公共空间优化的实际情况，组织具有差别化乡土话语体系的宣传教育内容，并以村民能够接受并且喜闻乐见的作品形式"飞入寻常百姓家"，将乡建知识的宣传教育根植于村民生活实践之中，使其成为乡村日常生活的有机组成部分，在潜移默化中不断提升广大村民的认知能力。

6.2.1.2 挖掘地域文化，建立价值认同

乡村地域文化是民俗、传统、习惯与一定范围内乡村地理环境相融合形成的文明，是独特的地域印记[219]。乡村价值认同是指一定地域范围内的村民在长期社会交往过程中逐渐形成的对乡村某种价值观念、标准、价值理想或目标的认可、接纳并愿意共享的情感体验，其一般通过村民对某种社会价值观念的自觉接受或对社会价值规范的主动遵循表现出来。孔子云："礼失求诸野"，乡村主流价值与其地域文化具有先天的内在契合性，是对乡村地域文化的创新性继承，因此，乡村价值认同的有序开展离不开对优秀乡村地域文化的深入挖掘。

然而，在城市化的冲击下，乡村地域文化的优越性日渐式微，很多西安周

边乡村正在失去原有地域文化特色，具体表现为一些优秀的乡村民俗和非物质文化遗产正在被遗忘或者消失[220]，虽然当前西安周边乡村的地域文化和农本价值不至于"失魂落魄"，但仍应高度重视其乡村地域文化的传承与重构，充分发挥乡村地域文化在主流价值认同路径中的自觉纠偏作用。需要注意的是，乡村地域文化涉及的范围较广，是自然资源、历史资源、民俗风情等诸多要素的综合体，挖掘西安周边乡村地域文化来促进村民对乡村的价值认同，其具体的策略不仅仅只是与"社会域"相关，还与"空间域"的优化策略相关，并且在"社会域"的优化策略中也不仅仅只是与"意识形态深层"相关，也还有其他层面优化策略（如日常活动表层中的策略）相关。因此，这里不具体描述其策略（其策略会在其他域／层面的优化策略中予以体现），而重点描述通过挖掘西安周边乡村地域文化来促进村民对乡村的价值认同需要把握的总体原则，主要有：

1. 注重发掘和传承西安周边乡村的地域文化

西安周边乡村有着极为丰富的地域文化特色，就其历史人文风情单项来说，包括西安鼓乐、秦腔、皮影戏等民间戏曲；闹花灯、奏鼓乐、耍社火等民间活动；农民画、剪纸、蓝田玉等民间传统工艺；西安稠酒、白鹿原樱桃、临潼石榴、临潼火晶柿子、周至猕猴桃、板栗等地方特产；裤带面、羊肉泡馍、腊牛肉、水盆羊肉、蜂蜜凉糕、柿子饼等传统饮食文化[221]。需要通过查阅文献资料、对话耆老、现场踏勘等方式系统梳理归纳西安周边乡村的地域文化。而传承西安周边乡村的地域文化，可以与"空间域"的优化策略相结合，如：在乡村公共空间的总体布局上，可以将文化站、小型文化广场项目作为传承地域文化重点空间；在乡村公共空间重要节点的景观设置上，可以采取碑牌、铭文石刻、小品石雕等形式，进行该乡村特有的地域文化展示。这样可以使村民耳闻目染，始终能够沉浸在地域文化的熏陶中，逐渐产生本土文化自信，逐渐建立价值认同。

2. 注重地域文化挖掘与村民利益满足的结合

由于过度的精神引导会弱化社会现实经济的基础性作用，如果只是一味强调乡村地域文化对乡村价值认同的促进作用，就容易陷入虚假的意识形态陷阱，容易走入从精神到物质的"精神－物质"的价值认同异化路径[222]，当然也难以转化为稳定而持久的价值认同，因此，在需要注重挖掘乡村地域文化与村民利益满足相结合，充分发挥乡村地域文化在乡村价值认同中的基础性作用。具体策略可以与"社会域"的"日常活动表层"中"产业活动"的优化策略相结合，利用西安周边乡村的地域文化来发展特色产业，如：可以利用地方特产（如樱桃、石榴、猕猴桃等）、民间传统工艺（如农民画、剪纸等）、历史故事等发展相关产业，使村民在传承地域文化的过程中，增加自身的经济收入（即村民利益得到满足），由此产生感激和报恩的思想感情，一种朴素的对乡村价值认同感由此生成并巩固。

6.2.2　社会规范中层：多方参与，内力重构

从本书"空间为果"的分析过程和结论可以看出，西安周边乡村公共空间的问题更多是由于地方政府自上而下地单向驱动，导致乡村公共空间的展示价值和交换价值大于其使用价值。因此，西安周边乡村公共空间"社会域"优化策略，除了从意识形态深层提高村民对乡村公共空间优化相关方面的认知能力以及对乡村价值的认同程度（意识形态层面的优化策略能够使村民可以更好、更愿意参与乡村公共空间优化）以外，更需要一些制度和机制，从社会规范层面来保障村民能够正常参与乡村公共空间优化过程，以及乡村公共空间其他优化事项的正常开展，这些社会规范层面的策略是乡村公共空间优化目标能够最终走向空间正义的重要保障。

因此，本节从社会规范中层给出相关乡村公共空间"社会域"的优化策略，其优化策略主要是多元主体机制，另外还有一些其他制度机制。

6.2.2.1　多元主体机制

在空间生产理论的三元辩证法分析框架中，空间表征与表征空间之间虽然存在着对抗，但并不代表两者是二元对立关系的两端，或是强调强者意识形态"构想"规划的单一逻辑，或是一味过度夸大村民日常生活反规训的作用，这种思维本身就割裂了社会空间是作为一个整体来进行发展的观点。空间表征与表征空间之间存在互相调节的张力，对于具有多主体、多目标的乡村公共空间生产，更应该注重村民在空间表征作用下更高层次、更高级别的协调，其良性的生产机制不仅需要各级政府对乡村公共空间建设的政策支撑和资金投入，更需要激发村民日常生活创造力，参与到其空间表征中，从而激活乡村旅游的内生发展动力，进而提升乡村公共空间活力。因此，要达到空间表征和表征空间之间相互协调的局面，就需要在乡村公共空间优化过程中实施多元主体机制的保障，使得与乡村公共空间优化相关的多元主体能够形成合力，共同参与优化决策。

以下从多元主体共同参与的关系结构和多元主体共同参与的整体流程两个

方面给出多元主体机制的具体方案。

1. 多元主体共同参与的关系结构

西安周边乡村公共空间优化相关的利益主体一般包括村民、地方政府、开发公司和景观设计师（或者规划师）。其中，村民是西安周边乡村的主体公民，是乡村公共空间的主体使用者，分为普通村民和乡村精英，村民委员会是基层群众自治性组织，其核心的利益诉求是自身生活条件和经济状况的改善；地方政府是与乡村公共空间优化关系密切的西安涉农的区（县）一级或镇（乡或者街道）一级，新时期其正在行政管理职能上发生变化，从"代理型政权经营者"转变为"谋利型政权经营者"[223]，其核心的利益诉求主要是区域发展和政府业绩；开发公司是通过投资参与西安周边乡村公共空间优化的企业实体，其核心的利益诉求主要是获得投资回报；景观设计师是具备公共空间优化的专业知识和技能的人员，负责具体的设计工作，并没有明确的核心利益诉求，但也是平衡村民、地方政府、开发公司三个主体之间利益的关键角色，尤其是需要加强与村民的沟通，从技术支持的视角使村民更为全面地认识乡村公共空间价值，帮助村民发挥其自身在乡村公共空间优化中的积极性与创造性。

由于村民、地方政府、开发公司都有各自不同的核心利益诉求（存在利益竞争），且拥有共同推进乡村公共空间优化和促进乡村经济发展的共同目标，为了使多个主体能共同参与乡村及乡村公共空间优化，需要成立一个为推进乡村及乡村公共空间优化而设置的专门机构——美丽乡村建设委员会，起到联系、协调、监督的作用，该机构一般由涉及乡村公共空间核心利益的村民、开发公司和地方政府三方人员共同组成，是联系村民、地方政府和开发公司之间的重要纽带。另外，景观设计师受托于美丽乡村建设委员会对乡村及乡村公共空间的优化提升进行设计，指导村民、地方政府和开发公司的优化建设行为，与他们进行沟通交流，平衡他们之间的利益；村民需要对乡村公共空间优化建设中存在的问题进行及时反馈；地方政府需要对乡村公共空间优化建设过程进行全程管理。乡村公共空间优化的"村民－地方政府－开发公司－景观设计师"多元主体共同参与的关系结构，如图 6.3 所示。

在上述多元主体共同参与的关系结构中，多元主体并不是完全对等的关系，根据不同主体在乡村公共空间优化中的职能不同，多元主体存在主导方和协导方的不同，即：某一主体为主导方，其他主体为协导方。其中，主导方负责统领乡村公共空间优化全局、落实设计方案，而协导方负责辅助参与并监督主导方的公共空间优化活动。主导方和协导方的关系如图 6.4 所示。

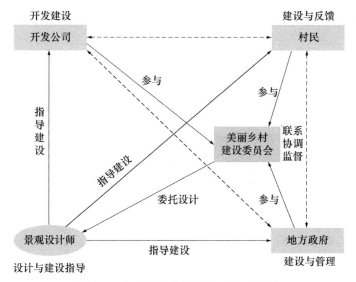

图 6.3　多元主体共同参与的关系结构

图 6.4　主导方和协导方关系

依据西安周边具体乡村公共空间优化的不同情况，可以采用不同的主导方和协导方模式，主要有以下三种：地方政府主导型、开发公司主导型、村民主导型。

（1）地方政府主导型多元主体共同参与的关系结构

地方政府主导型多元主体共同参与的关系结构，主要通过美丽乡村建设委员会授权给地方政府，地方政府通过政策引导以及资金投入的方式统管乡村公共空间优化全局，并承担大部分的乡村公共空间优化建设任务，开发公司通过部分乡村公共空间优化项目的投标来参与，村民在乡村关于公共空间整体规划下进行房屋外立面、庭院、农地等的统一改造，地方政府补贴部分改造费用，而村民与开发公司还是原先的合作与竞争的关系，该多元主体共同参与的关系结构如图 6.5 所示。

对于本书的西安周边的样本乡村而言，其乡村公共空间优化普遍可以采用地方政府主导型多元主体共同参与的关系结构。同时，对于一些特定类型的乡村公共空间，如政治型公共空间（如村民服务中心），也比较适合采用这种多元主体共同参与的关系结构。

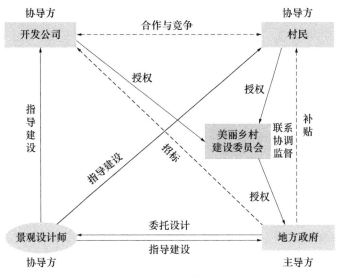

图 6.5 地方政府主导型多元主体共同参与的关系结构

（2）开发公司主导型多元主体共同参与的关系结构

开发公司主导型多元主体共同参与的关系结构，主要通过美丽乡村建设委员会授权给开发公司，开发公司通过资金投入并主导建设的方式统管乡村公共空间优化全局，并获取投资收益，村民需要与开发公司分享乡村公共空间优化带来的收益，地方政府需要监督开发公司的公共空间优化行为，并给予村民参与公共空间优化的相关政策，该多元主体共同参与的关系结构如图6.6所示。

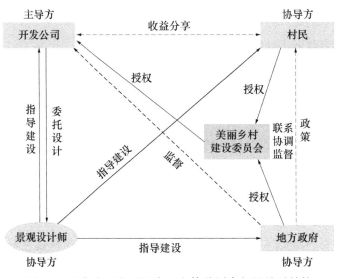

图 6.6 开发公司主导型多元主体共同参与的关系结构

在本书西安周边的样本乡村中，对于具有丰富自然资源和人文资源或者具有很好商贸潜力的乡村，如：长安区王莽街道清北村等，其乡村公共空间优化可以采用开发公司主导型多元主体共同参与的关系结构。同时，对于一些特定类型的乡村公共空间，如生产型公共空间中的景区、农家乐一条街、特色美食一条街等，也比较适合采用这种多元主体共同参与的关系结构。

（3）村民主导型多元主体共同参与的关系结构

村民主导型多元主体共同参与的关系结构，主要通过美丽乡村建设委员会授权给乡村自治组织或者乡村精英，乡村自治组织或者乡村精英通过自筹资金或者注册公司的方式统管乡村公共空间优化全局[224]，开发公司通过与乡村自治组织或者乡村精英进行合作的方式参与，地方政府需要提供优惠政策和激励基金，并监督开发公司的合作行动，该多元主体共同参与的关系结构如图6.7所示。

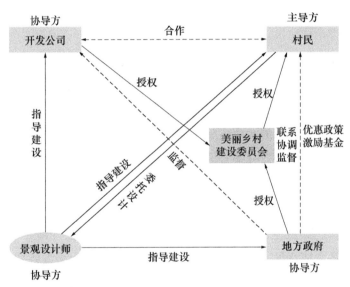

图6.7 村民主导型多元主体共同参与的关系结构

村民主导型多元主体共同参与的关系结构，一般适用于村民或者村民自治组织整体实力比较强的乡村，这一类型乡村在西安周边区域内较少。同时，对于一些特定类型的乡村公共空间，如信仰型公共空间（如祠堂、庙宇等），可以采用这种多元主体共同参与的关系结构。

2. 多元主体共同参与的整体流程

乡村公共空间优化整体流程一般包括前期调研、方案论证、方案实施、后期管理四个阶段。而多元主体共同参与下的乡村公共空间优化整体流程，是一种多种参与方式滚动循环、多方不断协商的过程，不同主体在参与中表达利益诉求，寻求平衡支点。多元主体共同参与活动主要集中在前两个阶段，即前期调研阶段和方案设计阶段。

（1）前期调研阶段

这一阶段主要任务是收集乡村公共空间优化的相关信息，达成共识，并由景观设计师形成初步的优化方案。多元主体共同参与的活动主要有现场踏勘、访谈问卷和启动会议。其中，现场踏勘主要由美丽乡村建设委员会委托景观设计师进行，村民代表或者村民委员会协助，其主要目的是了解乡村及乡村公共空间的基本情况；访谈问卷主要是由景观设计师设计及实施，并与村民面对面沟通，村民主动提出优化需求，村民代表或者村民委员会协助，其主要目的是征询村民关于公共空间优化的具体意见；启动会议主要由美丽乡村建设委员会召集，一定规模的村民代表、地方政府代表和开发公司代表参加，其主要目的是初步交换意见并达成对乡村公共空间优化的共识，利于后期方案论证和实施顺利开展。

（2）方案论证阶段

这一阶段主要任务是对公共空间优化方案进行迭代论证，并最终形成能够指导实施的公共空间优化方案，该阶段是多个主体利益分配的关键阶段，需要不断沟通协商，消除矛盾，找到解决问题的平衡点。

多元主体共同参与的活动主要有补充调研、村民咨询会、多方咨询会、专题会议、村民代表大会、方案公示和难点沟通。其中，补充调研的参与方式与前期调研阶段中现场踏勘和访谈问卷类似，其主要目的是补充乡村公共空间优化的相关信息；村民咨询会主要是由美丽乡村建设委员会组织的以村民为主体的非正式会议，其他主体参加旁听，其主要目的是景观设计师介绍设计方案，与村民讨论并交换意见，该会议参与人员的规模应适度；多方咨询会主要是由美丽乡村建设委员会组织，所有主体参与讨论的非正式会议，其主要目的是就设计方案与所有主体讨论并交换意见，该会议参与人员的规模也应适度；专题会议主要是由美丽乡村建设委员会组织，与专题有关联的村民、开发公司、地方政府和景观设计师参加，其主要目的是重点区域的论证方案或者重大决策达成一致意见；村民代表大会主要是由村民委员会组织，所有主体参加的制度化程度较高的正式会议，其主要目的是景观设计师介绍当前设计方案，村民代表充分商议后汇总意见并进行集体投票表决，形成会议纪要，如果方案的集体投票表决没有通过，则需要继续讨论和修改；方案公示主要是由美丽乡村建设委员会组织，景观设计师选择公示方式，其他主体参与，其主要目的是为了所有主体了解根据大会意见修改后的乡村公共空间优化设计方案，需要配备相应的反馈渠道；难点沟通主要是由美丽乡村建设委员会组织，景观设计师和少数反对态度较为激烈的村民参与，其主要目的是为了充分交流，消除误区，使部分村民更好地认同方案。

其中，补充调研、村民咨询会、多方咨询会、专题会议四种共同参与方式根据方案设计情况可多次滚动发生。另外，在以上多元主体共同参与的活动中，多个主体提出的意见可能会比较多，有时候不同主体之间的意见会有矛盾的情况，为了提高乡村公共空间优化设计的效率，景观设计师需要从公平公正的立场出发对不同意见进行过滤，采纳合理的意见，过滤掉不合理的意见。

（3）方案实施

这一阶段主要任务是按照乡村公共空间优化设计方案组织实施落实，实现乡村公共空间优化。多元主体共同参与的活动主要是建设实施的整个过程，其一般由主导方组织，协导方按照不同关系结构参与，需要重点指出该过程需要充分激发民智和巧用民力，让村民通过投工投劳、按劳取酬等方式不同程度地参与建设乡村公共空间，这样更能增强村民的主人翁意识。

（4）后期管理

这一阶段主要任务是乡村公共空间优化完成后的日常管理，实现其效果的可持续。这一阶段共同参与的活动较少，一般来说，村民主导型和地方政府主导型多元主体共同参与的关系结构下形成的公共空间日常管理维护由村民负责，开发公司主导型多元主体共同参与的关系结构下形成的公共空间（如乡村景区）的日常管理维护由开发公司负责。

综上，多元主体共同参与乡村公共空间优化的整体过程模型，如图6.8所示。

在以上四个阶段中，不同类型多元主体共同参与的关系结构需要重点参与的阶段是存在差异的，村民主导型和地方政府主导型这两种类型对利益分配的敏感度比较小[225]，应该侧重前期调研形成初步方案的阶段，重点参与活动主要是访谈问卷，而对于开发公司主导型，由于开发公司与村民之间在公共空间利益上存在明显竞争，容易产生矛盾，更应侧重方案论证阶段的利益分配，重点参与活动主要是村民咨询会、多方咨询会、专题会议、村民代表大会、难点沟通等。不同类型多元主体共同参与的关系结构下参与的侧重，见表6.2。

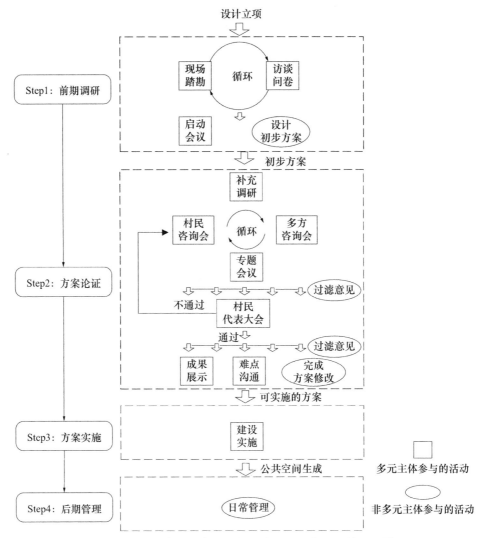

图 6.8 多元主体共同参与乡村公共空间优化的整体过程模型

不同类型多元主体共同参与的关系结构下参与的侧重			表 6.2
多元主体共同参与的关系结构	地方政府主导型	开发公司主导型	村民主导型
侧重的参与阶段	前期调研阶段	方案论证阶段	前期调研阶段
侧重的参与活动	访谈问卷 村民咨询会 村民代表大会	村民咨询会 多方咨询会 专题会议 村民代表大会 难点沟通	访谈问卷 村民代表大会

6.2.2.2 其他制度机制

在乡村公共空间"社会域"社会规范中层的优化策略中，除了最重要的多元主体机制，还需要其他制度机制，如：村民自治制度、社会资金利用机制、公共空间日常维护制度、相关配套法律法规、相关的行政机制等。由于其涉及的范围较广和要素较多，并且不同类型的乡村、不同的公共空间优化场景，需要针对性设计不同的优化策略。因此，以下结合乡村公共空间村民需求中"管理维护"相关优化目标，重点描述西安周边乡村村民自治制度的推广及优化建议。

乡村公共空间，其属性是"公共"，按照费孝通的说法，所谓"公共"，在村民的潜意识中就是"……大家可以占一点便宜的意思，有权利而没有义务……"[146]，另外一层意思就是大家谁都可以不用管（没有明确的管理主体）。因此，需要充分调动村民的积极性来参与乡村公共空间优化，除了以上的多元主体机制，还需要完善相关村民自治制度，进一步重构乡村公共空间优化的内生动力[226]。

关于完善村民自治制度的探索，西安周边白鹿原地区乡村从传统乡村治理文化中汲取营养，以邻里关系为纽带，探索出新的村民自治制度——"户长制"[156]。该制度延伸了乡村自治的触角，在原有村民委员会下设村民小组的框架下，再向下延伸一步，把农户细划为若干个中心户，每10~15户为一个单位，选出一名"户长"，或由村组干部兼任，负责管理本片区的环境卫生、政策宣传、信访维稳、邻里纠纷、扶贫帮困等具体事务。"户长"多由一些乡村精英担任，他们能力强、信誉好、威望高，又有为村民服务的热情，村民也信得过他们，因此"户长"可以把庞杂的村务管理得井井有条。这种新的村民自治制度实现了村民自治的全覆盖、变少数人治理多数人为群策群治、变单纯法治为法治和情治相结合，在一些乡村难点问题处理上可取得意想不到的效果。

因此，可以在西安周边乡村中落实推广这种"户长制"，该制度可以使乡村公共空间这一"公共"属性空间真正有人管，同时有了"户长"带头，村民能够更好地参与乡村公共空间优化方案论证设计，更好地参与乡村公共空间优化方案实施以及更好地参与优化后乡村公共空间的日常管理维护。

此外，"户长制"虽取得成效，但也面临瓶颈，主要是由于"户长"工作都是义务兼职的，且没有统一的考核激励机制，缺乏使这一村民自治制度长久长效的机制。因此，在落实推广"户长制"的同时，地方政府需要补充制定一些相关的政策机制，使得"户长"保持长久热情，如对"户长"评比考核并进行激励，对优秀户长给予一定的物质奖励，在推荐基层代表、妇联主任、村级干部上优先考虑，在家风评选活动中给予倾斜。

6.2.3 日常活动表层：科学引导，兼顾产业

日常活动是指以村民为主体，在乡村公共空间内开展的一系列社会行为。乡村公共空间一个很重要的作用，就是引导激发村民进行日常活动，从而促进村民交往，激活乡村社会。同时，日常活动与乡村公共空间是一个双向的互相作用、互相影响的关系，日常活动的发生与繁荣也能够促进乡村公共空间的优化与更新，通过日常活动实践，村民对乡村公共空间实现回归与反馈、超越与再造，使乡村公共空间真正意义上被赋予场所精神，也是乡村公共空间体现其公共性的重要内核。

因此，乡村公共空间"社会域"的优化需要科学引导日常活动的发生，其主要包括引导策划多元的社会性活动和注重布局多样的经济性活动（即布局产业）。

6.2.3.1 引导策划多元的社会性活动

扬·盖尔在《交往与空间》中将公共空间的活动主要分为必要性活动、自发性活动和社会性活动[134]。其中，必要性活动主要是指一些不能全凭人们自我意识来决定做或是不做的活动，如吃饭、睡觉、上班等，由于这些活动具有强制性特征，其发生频率受空间环境与社会措施的影响较小；自发性活动主要是指人们有参与的意愿，并且在时间和地点都可能的情况下才会发生的活动，如散步、锻炼、呼吸新鲜空气等，由于这些活动是在一定物质空间环境下自发产生的，其发生频率受空间环境影响很大，但是受社会措施的影响不大；社会性活动主要是指不能由个人独立完成的、必须有赖于他人参与而发生的活动，如庙会、祭祀、庆典、篮球赛、村集体会议等，由于这些活动很多是需要专门的组织和策划，并在一定物质空间环境下才能产生的，其发生受社会措施的影响很大，受空间环境影响也较大。不同性质活动的发生与社会措施／空间环境之间的关系，如图 6.9 所示。

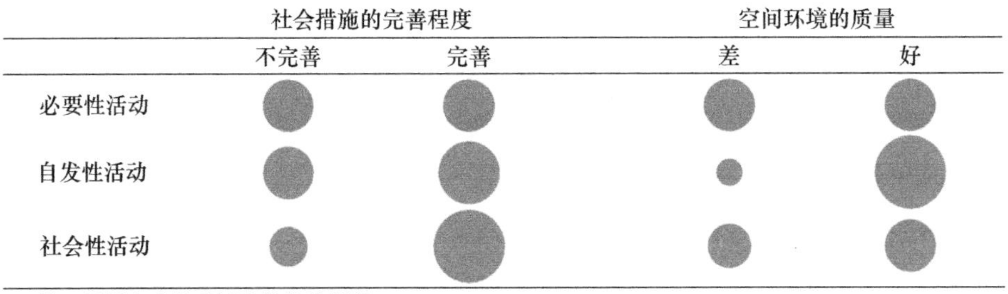

	社会措施的完善程度		空间环境的质量	
	不完善	完善	差	好
必要性活动	●	●	●	●
自发性活动	●	●	·	●
社会性活动	●	●	●	●

注：圆圈大小代表活动发生的频率

图 6.9 社会措施／空间质量与不同性质活动发生之间的关系

由以上分析可得，"社会域"策略能够很好发挥作用的对象主要是乡村公共空间中的社会性活动，因此，其优化策略主要是引导策划多元的社会性活动。

梁漱溟说："……中国文化以乡村为本，以乡村为重，所以中国文化的根就是乡村……"[227]。其中，传统民俗活动是中国文化最重要的表达形式之一，其不仅丰富了村民的日常生活，也构建起凝聚人心的精神力量，是抹不掉、忘不掉的文化记忆。然而，我国乡村大都处于小农经济的支配之下，已经形成了自给自足的特点，参与的社会性活动向来不多，并且当下乡村人口"空心化""老龄化"越来越严重，一些过去为村民所喜欢且愿意参与的传统民俗活动也逐渐减少，村民不再愿意在乡村文化活动中找寻共同的情感场域和交流载体，甚至内心开始排斥这些具有历史感和归属感的传统民俗活动，同时一些不良活动（如赌博）正在侵蚀乡村，成为村民日常公共活动的主要选择之一，这种现状在西安周边乡村也不同程度地存在。因此，结合乡村公共空间村民需求中"精神文化"相关优化目标，引导策划多元社会性活动的具体策略包括：

1. 传承创新传统民俗活动

一方面，需要深入梳理挖掘西安周边乡村中优秀的传统民俗活动，如庙会、社火、二曲礼仪、秦腔等，这些传统民俗活动的梳理挖掘过程需要地方政府及本地村民的共同参与，通过对西安周边乡村文化资源的历史价值和文化价值进行再认识，促使他们去理解和认同那些曾经给予他们心灵寄托、生活意义的文化，并增强村民主人翁意识；另一方面，需要根据传统习俗规范活动的时间、空间、规模、样式等，制定科学性、系统性、差异化的优秀传统民俗活动组织制度，组建相关的民俗活动协会或机构，同时结合新时期发展特征，适当融入一些现代元素进行创新，并引导鼓励村民尤其是青少年参与、体验和创新。西安周边乡村中优秀的传统民俗活动类型及表现形式，见表6.3。

西安周边乡村优秀传统民俗活动类型及表现形式 　　　表 6.3

传统民俗活动类型	民俗活动具体表现形式
传统戏剧活动	秦腔、鄠邑曲子戏等
传统曲艺活动	皮影戏、关中道情等
传统技艺活动	户县（鄠邑区）米皮制作技艺、阎良核雕技艺、蓝田玉雕工艺、长安猪皮纸制作技艺、灞桥竹篾子灯笼编织技艺等
传统美术活动	周至刺绣、高陵扎花、鄠邑版画等
传统仪式活动	城隍庙祭祀、庙会、户县（鄠邑区）社火、周至二曲礼仪等
传统音乐活动	西安鼓乐、阎良特技唢呐等

2. 适当引导现代文化活动

一方面，乡村现代文化活动的组织须通过当前国家的主流文化来引导，即将西安周边乡村的现代文化活动开展与社会主义核心价值观体系紧密联系在一起，突出文明健康、积极向上的特点，并保证其村民、乡村的发展与整个社会的和谐发展同步一致，如组织开展评选"五好家庭""文明户""好媳妇"等活动；另一方面，以村民的现实需求来引导组织乡村现代文化活动，针对当前西安周边乡村村民对现代文化活动多层次多样化的新需求（如追求富足休闲健康），充分利用"文化大礼堂"等乡村公共场所，运用多种手段组织开展与日常生产生活紧密关联的、村民喜闻乐见的、愿意参与、能够参与的公共文化娱乐活动，如组织开展"文化下乡""技术培训""广场舞""篮球赛"等活动。

通过传统民俗活动和现代文化活动的科学引导和精心策划，使得村民在社会性活动的参与中充分交流，培养村民之间原本出入相友、守望相助与疾病相扶的良善交往，对于修复乡村社会关系、重连乡村社会和重构乡村共同体具有很强的促进作用。

6.2.3.2　注重布局多样的经济性活动

经济性活动的划分维度是日常活动能否产生经济效益，其活动可以是必要性活动、自发性活动或者社会性活动。经济性活动的发生一般与乡村公共空间产业紧密相关，因此，注重布局多样的经济性活动本质上就是因地制宜地布局乡村公共空间产业。产业兴旺是乡村振兴战略的首位要求，乡村公共空间优化需要与其产业发展互利共生，只有两者深度结合，在乡村公共空间上形成可持续发展的产业布局，乡村公共空间的优化才能切实改善村民的经济处境、拓宽村民的收入方式，使乡村获得"造血"功能，从而可以更好地引导村民、资本和企业等生产要素回流乡村，解决乡村持续空心化的问题，增强村民的自豪感和归属感，进而夯实乡村公共空间优化成果持久发展的主体基础、社会基础和物质基础，重构乡村公共空间优化的内生动力。

2018年中央一号文件将"坚持农民主体地位"作为实施乡村振兴战略的基本原则，乡村产业要以村民为主体成为时代要求。因此，西安周边乡村公共空间的产业发展，需要结合村民能力、市场需求、资源禀赋等要素，确立以村民为主体的产业发展之路，维护村民的根本利益，真正提升村民的获得感、幸福感和安全感，切不可重新陷入"资本下乡圈地""忽视村民发展诉求""产业选择与村民能力不匹配"等空间不正义的困境。在以村民为主体的西安周边乡村公共空间产业发展之路的指导下，结合乡村公共空间村民需求中"产业经济"相关优化目标，注重布局多样的经济性活动具体优化策略如下：

1. 结合地域特色，布局发展现代产业体系

当前西安周边乡村公共空间的产业主要以农业为主，在品牌农产品方面发展较好，但附带开展的新型经营活动产业比重偏低（表6.4），存在农业产业单一化、效率偏低、产品附加值不高的问题。因此，亟需依托西安周边乡村公共空间不同农业基础和文化基础，坚持因地制宜、因人制宜、因时制宜的原则，构建以农业为基础的乡村现代产业体系，如高效农业、休闲农业等。

西安地区乡村规模农业经营户开展新型产业活动的比重　　　　表6.4

新型经营活动	餐饮住宿	采摘	垂钓	农事体验	其他
比重	0.5%	4.4%	0.7%	1.0%	3.0%

（表格来源：《西安市第三次全国农业普查综合资料》（2018年发布）西安市统计局）

一是持续发展高效农业。在发展高效农业方面，西安周边乡村有很多成功经验，培育了很多特色品牌农业，如白鹿原的樱桃、临潼的石榴和奶畜养殖、周至的猕猴桃、鄠邑区的葡萄等。下一步需要将这些特色品牌农业持续推进和推广，将先进技术引入农业生产中，强化科学育种、精细栽培和优化农业种植/养殖空间，持续保证品牌农产品的优质性；另外，持续完善品牌农产品的加工体系，如：果业加工、奶畜品加工、农产品精包装等，适当延长农业产业链条，促进农产品价值的提升。

二是大力开发休闲农业。休闲农业是将农业和旅游业相融合，在满足旅游者休闲和游憩需求的同时，对乡村的"三生"（生态、生产和生活）有所改善和提升的新型业态[228]。西安周边乡村公共空间在快速建设的过程中，存在布局的休闲农业数量偏少、地域性特征弱、景观同质化等问题。因此，需要根据西安周边乡村不同农业基础和地域风土特征，大力开发不同类型极具特色的休闲农业，包括：生产体验型、生态养生型、生活农乐型等。不同类型休闲农业主要的产业活动及重点布局区域情况，见表6.5。

不同类型休闲农业主要的产业活动及重点布局区域情况　　　　表6.5

主题	主要产业活动	重点布局区域
生产体验型	农事体验、采摘、垂钓、农业观光、科普教育等	有特色品牌农业的区域
生态养生型	自然风光观赏、度假、养生等	靠近秦岭的区域
生活农乐型	农家乐、民宿等	靠近西安城市的区域

此外，对于一些具有历史文化和民族文化的西安周边乡村（如抱龙村、凿齿南村、西车村等）来说，结合村民自身的参与能力，其公共空间（如街巷、祠堂、庙宇等）可以适当布局文化旅游业。

2. 加强区域统筹，更新产业生产经营模式

当前西安周边乡村公共空间产业的生产经营模式以特色品牌下的家庭经营为主（表6.6）。家庭经营具有成本低、效益高、能够充分调动村民积极性和创造性等优势，该模式也是以村民为主体的产业发展理想模式，能最有效地把增值收益留给村民，满足村民多样化的需求，但其存在抵御市场风险能力较差、专业化程度偏低、同质竞争等问题[229]。因此，需要加强区域产业的统筹，更新产业生产经营模式。

西安地区乡村农户参加新型农业经营组织或形式的比重　　　表 6.6

新型农业经营组织或形式	公司＋农户	农民合作社	专业协会	土地托管	其他
比重	0.2%	2.1%	0.2%	0.4%	1.0%

（表格来源：《西安市第三次全国农业普查综合资料》（2018 年发布）西安市统计局）

一是推广采用"农民专业合作社"的生产经营方式。农民专业合作社是在农村家庭承包经营基础上，同类农产品的生产经营者或者同类农业生产经营服务的提供者、利用者，自愿联合、民主管理的互助性经济组织，其具有保证村民在农业生产中采用专业化技术、综合力量占据市场份额并有效规避自然以及市场经营中的风险、协调村民之间竞争关系等优势，能够很好弥补家庭经营的不足。其在部分西安周边乡村产业发展方面的作用已经初步显现，出现了一些典型的农民专业合作社，如：长安区果优特种植专业合作社、高陵区老屈庄果蔬专业合作社、周至县周一有机猕猴桃专业合作社等。因此，需要在家庭经营的基础上，构建并鼓励村民加入相应的农民专业合作社，推动产业形态由"小升级"转为"大产业"，主体关系由"同质竞争"转为"合作共赢"，同时完善农民专业合作社的相关具体配套制度。此外，农民专业合作社本身就是一种隐性公共空间，其使村民在生产中产生更多交集，触发更多社会交往和合作，对于重构乡村共同体也具有一定的促进作用。

二是积极采用"互联网＋"手段助力产业经营。当前"互联网＋"是推动产业经营快速发展的重大机遇，也是产业经营走向现代化的根本路径。如：社交媒体助推农产品品牌，其可以赋予农产品低成本推广、高效益传播的无限可能，虚拟体验、乡村直播、网红打卡等都可能引发一波农产品传播热潮，加速农产品的品牌化建设；电子商务平台助推农产品销售，其具有创业成本低、参

与便捷、风险相对较小等优势，还可以吸引更多青年返乡电商创业，夯实乡村公共空间经济性活动的主体基础。

6.3 乡村公共空间"空间域"的优化策略

基于以上意识形态深层、社会规范中层和日常活动表层三方面"社会域"优化策略建立的社会基础，公共空间优化还需要进一步落实到具体的"空间域"优化层面。本节主要从宏观层面、中观层面和微观层面三个方面对西安周边乡村公共空间的"空间域"优化策略进行设计。

6.3.1 宏观层面：整体风貌延续＋空间"微循环"

结合本书"空间为因"中整体形态的分析以及乡村公共空间村民需求中"布局选址"等相关优化目标，西安周边乡村公共空间宏观层面总体策略为整体风貌延续和空间"微循环"，以解决其当前城市化、指标化、同质化以及布局集中等具体问题，并满足其可达性、自然生态、空间数量等村民需求。

6.3.1.1 整体风貌延续

乡村公共空间优化，不应盲目追求城市空间的"规整性"和"现代性"，应在顺应乡村自然生态格局并保持乡村原本人文意象的基础上，使得公共空间形态与周边自然环境和乡村其他人工环境形成一个有机整体，从而延续乡村整体风貌。主要注重以下两个方面：

1. 顺应乡村自然生态

乡村的自然生态格局，自成天然之趣，不烦人事之工，其背后更多体现的是人力物力的节约、生产生活的便利、减灾防灾的考量等顺应自然的发展观[230]。相比于城市，乡村有着更多与自然接触的机会，其公共空间优化更需要顺应其周围的自然生态格局。因此，西安周边乡村公共空间优化，需要依托其具体所处渭河平原、黄土台塬、秦岭山脉等特有的地形地貌，尊重其原有的水系、山体、植被等自然资源，来进行乡村公共空间的选址及其形态、规模、尺度等塑造，将其特有的山、水、绿等自然要素与公共空间充分融合，使乡村公共空间成为"人"与"自然生态"联系的"中介"，成为各使用主体（如村民）

看待"自然"、感受"风景"的物质载体与有效媒介[231]，从而实现乡村公共空间与自然生态的和谐统一。

2. 保持乡村人文意象

乡村人文意象是乡村地域文化的重要缩影，主要通过乡村一些地方性、传统性的景观表现出来，聚落形态、建筑形式、交通方式等乡村人文景观共同烘托了乡村传统的人文意象，是乡村的一种"人文氛围"，是区别于其他乡村的显著标志[232]。乡村人文意象的保持，使得乡村具有"可印象性"和"可识别性"的特点，是实现乡村保持传统特色并可持续发展的重要保证，公共空间作为乡村人工景观的重要组成部分，其优化过程应该保持乡村原有的人文意象。因此，西安周边乡村公共空间优化，需要对其特有的人文意象进行梳理，包括青砖、红砖、夯土等关中实体景观元素，"狄青造战车"（西车村）、"皇后抱太子"（抱龙村）、"王莽追刘秀"（清北村）等地域特色的事件性元素，以及蕴含地方精神的可感知元素等，并结合具体乡村实际给出合理定位，将梳理人文意象恰当融入公共空间，全程指导其优化，最终使得公共空间成为展示西安周边乡村风貌主要构成要素，成为展示西安周边乡村独特人文意向的有效窗口。

6.3.1.2 空间"微循环"

乡村公共空间优化，应依据乡村人口数据与结构，科学测算公共空间数量规模与类型配比，并且不应采用整体拆除和成片更新的方式，而应在保留其原有骨架结构的基础上，采用分解、拼贴和补缀的"生长型"优化方式，进行合理的布局选址，最终形成乡村公共空间"微循环"系统。主要注重以下两个方面：

1. 加强区域统筹，构建乡村聚落之间"微循环"系统

当前西安周边乡村的公共空间及公共服务设施配置，通常按照国家的县（区）、乡（镇）、行政村的行政层级进行分级设置[233]，势必导致很多规模较小的自然村"末梢"缺乏相应功能的公共空间和公共服务。因此，乡村公共空间优化需要适当突破行政界域，坚持远近兼顾的原则，从区域的角度统筹考虑公共空间类型及规模配置，规模较大的乡村聚落一般布局区域级完善的公共空间体系，如：村民服务中心、文化广场、健身广场、停车场、小游园等，而规模较小的乡村聚落可通过闲置空地或闲置建筑改造，设置一些能够满足基本社会交往的小型公共空间服务点，如小游园、小型活动室等，同时重点加强规模较大与规模较小的乡村聚落之间连接主路的疏通和改造，增加乡村聚落之间尤

其是规模较大与规模较小乡村聚落之间的连通度和可达性，从而能够串联起区域乡村聚落中所有公共空间，形成区域乡村聚落之间公共空间的"微循环"系统，如图 6.10 所示。

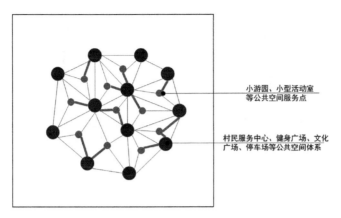

小游园、小型活动室等公共空间服务点

村民服务中心、健身广场、文化广场、停车场等公共空间体系

● 规模较大的乡村聚落
● 规模较小的乡村聚落
━━ 需要重点疏通和改造的连接主路
━ 其他连接主路

图 6.10　乡村聚落之间的公共空间"微循环"系统

2. 增加可达性，构建乡村聚落内部"微循环"系统

针对规模较大的乡村聚落，需要构建乡村聚落内部公共空间的"微循环"系统，这是乡村公共空间优化中最为常见的，本书西安周边样本乡村都属于这种情况。以乡村聚落内部使用频率较高的街巷空间和现状资源良好的点状公共空间或面状公共空间为骨架，基于公共空间布局均质性的原则，利用闲置区域新建公共空间或对其他现有公共空间进行功能改造和环境提升，同时进一步打通村内巷道系统，增加公共空间节点之间的可达性，保证一定范围内均有公共空间节点的设置（通常步行 400～500m 是可以接受的），通过合理补充 / 升级公共空间节点及相关街巷，进一步丰富和完善公共空间体系的规模与功能，从而形成乡村聚落内部公共空间的"微循环"系统，如图 6.11 所示。此外，还有一些具体提升乡村公共空间可达性的策略：可将大的面状公共空间适当分解，在一定区域内进行分散设置，使得公共空间数量增加，来提升公共空间可达性；另外，公共空间节点不宜孤立设置，要与主要街巷空间相关联，增加公共空间的系统性和联动性，来提升公共空间可达性。

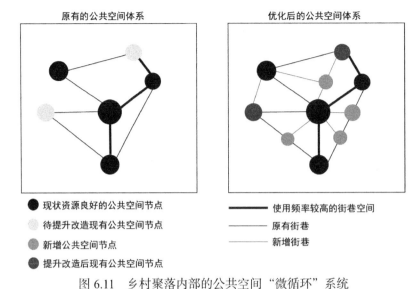

图 6.11　乡村聚落内部的公共空间"微循环"系统

6.3.2　中观层面："点、线、面"系统关联

在宏观层面进行公共空间的布局选址并构建公共空间"微循环"系统的基础上，结合本书"空间为因"中构成要素的分析以及乡村公共空间村民需求中相关的优化目标，西安周边乡村公共空间中观层面需要对具体点状、线状和面状的各类公共空间进行优化和有效组织，以解决其当前点状、线状和面状公共空间存在的具体问题，并满足其空间尺度、安全性、文化特征等村民需求。

中观层面优化策略的总体思路为：在延续乡村整体生态和人文风貌（与宏观层面异层同构）总体指导下，进行点状、线状和面状公共空间的分层顺序优化，从层次较高的公共空间（一般为文化广场、村民服务中心、主路、村入口等）优化开始，逐渐延伸至层次较低的公共空间（一般为古树、古井等），并在优化公共空间单体的过程中，注重与周边公共空间及整个公共空间体系的关联（如功能交叉等），使其能够有机联系，最终使得主要的公共空间节点通过核心线状公共空间进行串联，形成有节奏的景观路线，从而进一步完善公共空间的"微循环"系统。

本节以下为点状（村入口、庙宇、村民服务中心、古井、古树）、线状（街巷）、面状（广场）公共空间的优化策略。

6.3.2.1　点状公共空间的优化

点状公共空间一般位于乡村比较突出的场所，具有标识性和领域性，容易产生乡村意象。针对前文描述的西安周边乡村村入口、庙宇、村民服务中心、古井、古树的空间特征，其优化策略如下：

1. 村入口

基于前文关于村入口的空间特征分析，村入口的优化原则为：尽量在其原址进行，需与周边环境进行适应性融合，综合考虑具有地域特色的材质、颜色、植被等对底界面、侧界面、顶界面进行优化设计，增加空间的场所性，并在优化中体现与其他功能的复合，促进自发性和社会性活动的发生。其具体的优化策略，如：利用本土铺装（如青砖、红砖、黑瓦、石块等）进行底界面优化，从而限定主要的入口空间场所，利用具有本土特色的座椅、矮墙、灌木等进行侧界面优化，增强入口空间的围合感，以天为顶，局部利用高大的本土乔木（如槐树、椿树、泡桐树等）进行顶界面优化，夏日给村民带来一片树荫，此外，为了增加乡村的标识性和辨识度，可以增加一些体现地域文化特色的标志性景观、小品以及村名标牌等，在避免与其他村入口空间雷同的情况下，更好起到乡村象征和标志的作用，如图 6.12 所示。

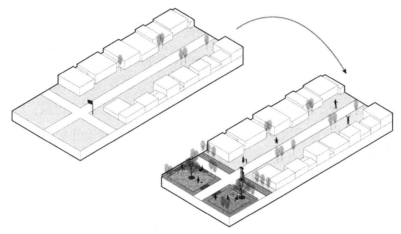

图 6.12　村入口空间优化示意图

2. 庙宇

基于前文关于庙宇的空间特征分析，庙宇的优化原则为：将西安周边乡村现有庙宇的主体建筑进行加固改善，对室内环境进行舒适度改造，在原有基础上对庙宇外貌进行适应性改变，使庙宇与周边民居有明显区分，同时完善庙宇的室外空间相关的基础设施，促进除祭祀类活动以外的社会性活动的发生，进一步激活空间。其具体的优化策略，如：挖掘并提炼西安周边乡村本土庙宇的颜色或材质，适当改造庙宇的外立面，增加庙宇的配套设施（如香龛等），增加合适的门头门廊以丰富庙宇空间层次，增加庙宇在乡村中的可识别性，根据庙宇室外空间的情况，进行本土材质的铺装，适当增加与村民日常活动和休息相关的基础设施（如硬质座椅等）以及相关本土植物，并进行适当围合，使其成为除了在特定节日外可供村民日常交往活动的室外公共空间，如图 6.13所示。

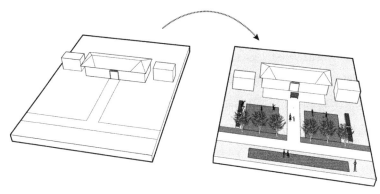

图 6.13　庙宇优化示意图

3. 村民服务中心

基于前文关于村民服务中心的空间特征分析，村民服务中心的优化原则为：除了政治性功能空间外，还需面向所有村民的使用需求，复合休闲、学习、展示、体验等其他功能空间（如图 6.14 所示），改善空间内部环境，按照部分功能空间专门设置、部分功能空间弹性设置、可变使用的原则，对功能空间进行适应性调整，保证不同年龄层次的村民都有相应的活动区域，提高空间使用率，并结合西安周边乡村各自的实际情况，对其建筑外貌进行特色化改造，增加村民归属感和认同感。其具体优化策略，如：在村民服务中心专门设置图书室、老年活动室和儿童活动室，弹性设置部分会议室可变为活动室，并完善相关活动设施，从而更好地吸引不同年龄层次的村民，促进其交往和活动的发生，如图 6.15 和图 6.16 所示；借鉴关中传统乡村公共建筑风貌，单体建筑的屋顶多为双坡屋顶或者单坡屋顶，整体建筑的布局模式采用庭院式，外立面可采用青砖、夯土等本土材质，结合不同乡村的特色，进行村民服务中心外部形态优化，如图 6.17 所示。

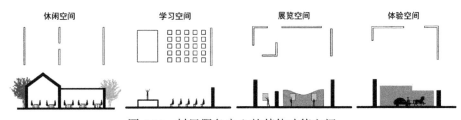

图 6.14　村民服务中心的其他功能空间

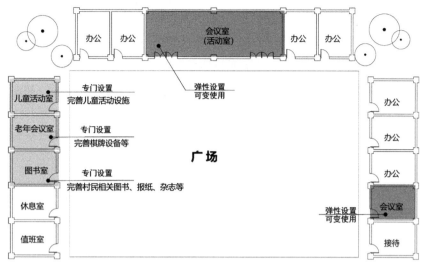

图 6.15　村民服务中心功能空间设置优化示意图

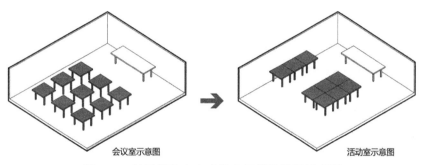

图 6.16　村民服务中心功能空间弹性设置示意图

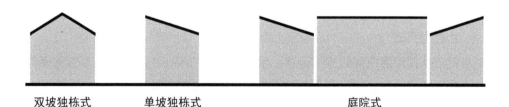

双坡独栋式　　　　单坡独栋式　　　　　　　　庭院式

图 6.17　村民服务中心外立面优化示意图

4. 古井、古树

　　基于前文关于古井、古树的空间特征分析，古井、古树的优化原则为：需要注重古井、古树等具有明显历史痕迹空间的保护和利用，以其为依托，对其周边一定范围内的空间进行优化提升，增加与村民交往活动相关的公共基础设施，并适当增加一些与古井、古树等相关联的标志性景观或小品，在古井、古树的保护及对周边空间的优化过程中，需要注重体现西安周边乡村地域文化特色，且能够与其周边环境进行融合。其具体优化策略，如：对废弃古井进行修复，对古树进行支撑加固，并增加相关的保护标识牌；使用本土铺装、绿化等，对古井、古树周边空间进行必要划分，使其成为具有边界限定的公共空间，适当增加座椅、石桌等休息设施和具有本土特色的水桶、农具等景观，完善基础功能并融入乡愁记忆，使其更加吸引和适合村民的日常交往，如图 6.18所示。

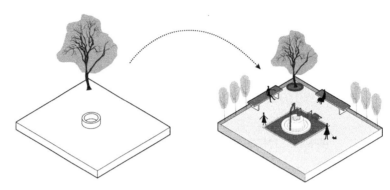

图 6.18　古井、古树空间的优化示意图

6.3.2.2　线状公共空间的优化

根据前文描述，对西安周边乡村线状公共空间的优化，主要是街巷的优化，是整个乡村公共空间优化的重要基础。针对前文描述的西安周边乡村街巷的空间特征，以满足村民需求并激发村民社会交往为目标，在尊重街巷原有的空间肌理、保证整体协调统一的基础上，主要从街巷形式、街巷尺度、街巷界面等方面对其进行优化，具体如下：

1. 街巷形式

对于乡村聚落内部的步行街巷，单一直线型的步行空间容易让人感觉疲惫和无趣，适当的转折错位是十分必要的，直线转折型、曲线转折型、直线结合节点型可以创造出丰富的街巷空间，如图 6.19 所示。基于前文关于街巷的空间特征分析，西安周边乡村中过长且直的街巷较多，且以十字连接为主，街巷形式的优化原则为：需要在过长且直的步行街巷，以及在街巷十字连接处，设置一些景观节点，通常景观节点设置的间隔以 25～30m 为宜[234]。其具体优化策略，如：在长距离直线型步行街巷的适当位置，在街巷的十字连接处，增加一些休息设施及绿化、健身游乐设施或者景观小品，如图 6.20 和图 6.21所示。

此外，还可以将部分街巷进行功能分区，人行和车行分开，人行区域收边，这样可以弱化部分街巷过大的尺度感，且能增加人行的安全性。具体优化策略，如：主路（包括无明显层次结构乡村中的街巷）优化可在两侧划设约1m的人行道，采用不同材质的铺装进行区分，并可在具有自然风光区域进行局部放大，设置休息观景空间，使得主路有收有放、有停有歇，更符合乡村的慢节奏；有条件的巷道优化可在两侧划设约0.8m的人行道，采用上述同样的方法进行区分，并在适当区域增设一些座椅等休息设施。如图6.22所示。需要指出的是乡村街巷的功能分区与城市道路不同，并不是严格意义上的功能分区，很多时候可以借区（如借人行区域会车）。

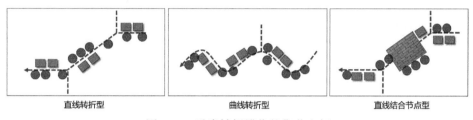

| 直线转折型 | 曲线转折型 | 直线结合节点型 |

图 6.19　适当转折错位的街巷空间

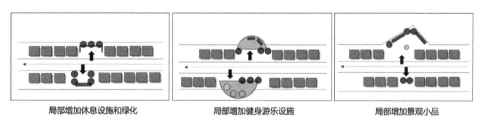

| 局部增加休息设施和绿化 | 局部增加健身游乐设施 | 局部增加景观小品 |

图 6.20　长距离直线型步行街巷的优化

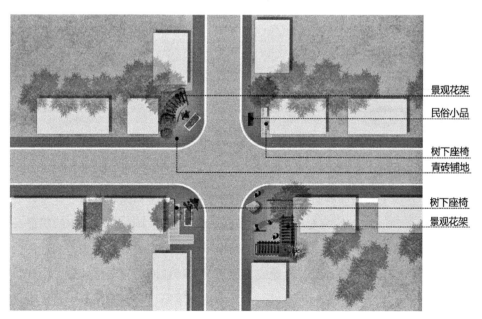

图 6.21　街巷十字连接处的优化

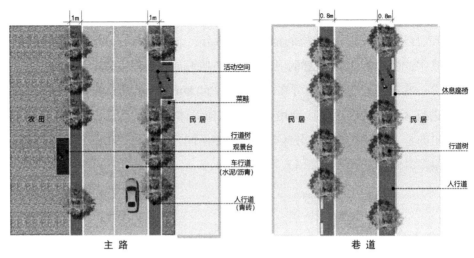

图 6.22　主路和街巷功能分区的优化

2. 街巷尺度

基于前文关于街巷的空间特征分析，西安周边乡村中街巷空间 D/H 的值虽有不同，但大多较为合适，街巷尺度的优化原则为：主要是针对少量尺度不合适的街巷空间，D/H 的值过大和过小分别进行优化，最终尽量使街巷空间 D/H 的值控制在 $1\sim2$ 之间，使其尽可能适宜村民的社交和停留活动。具体优化策略，如：当街巷空间 D/H 的值大于 2 时，可以在街巷功能分区的基础上，增加两侧绿化带和行道树，增强空间围合感；当街巷空间 D/H 的值小于 1 时，可利用路口处或民居沿街间隔处的空地进行局部拓宽，减少空间压迫感。如图 6.23 所示。

$D/H > 2$　　　　　　　　　　　　　　　$D/H < 1$

图 6.23　街巷尺度的优化

3. 街巷界面

街巷界面主要是底界面和侧界面。其中，地面铺装和地面高程变化是西安周边乡村街巷底界面的重要因素，底界面的优化原则为：结合街巷的功能分区，根据街巷空间的功能、性质和形态采用不同的西安周边乡村本土的地面铺装，并结合本土形式的台阶、台地或者坡道等进行地面高程变化处理，形成符合地域文化且丰富变化的街巷底界面。具体优化策略，如：主路的车行区域采用沥青或者水泥材质，人行区域采用青石板、大块石料等材质，并结合不同的铺设方式，使底界面的材质和样式得到变化，如图 6.18 中的主路所示；对于具有高程变化的步行巷道，适当设置台阶或台地，增加界面的层次性，并增强步行巷道的导向性，见表 6.7。

具有高程变化的步行巷道底界面优化　　　　　　　　　　　**表 6.7**

平面图	剖面图	优化手法与特征
步行巷道　建筑　增加台阶	增加台阶处理步行巷高程变化	在步行巷道适当位置设置台阶，在纵向上加强导向性，通过对台阶的期待获得前进动力

而建筑（主体是民居或庭院）立面以及开放景观的界面（包括自然生态界面）是西安周边乡村街巷侧界面的重要因素，街巷侧界面的优化原则为：结合乡村地域特色，从两侧建筑布局改变、两侧建筑立面更新、街巷空间中景观提升等方面进行，使得街巷侧界面更加丰富多变，更适宜村民停留和活动。具体优化策略，如：将街巷两侧的新建建筑进行适当错落排布，形成富有变化的凹凸空间；将街巷两侧的建筑二楼阳台适当外挑，形成灰空间；采用青砖、瓦片等本土材质对建筑立面进行更新处理；采用植物对侧界面进行柔化处理。见表 6.8。

街巷侧界面的优化　　　　　　　　　　　　　　　　　**表 6.8**

序号	图示	优化手法	特征
1	乡村道路　街道两侧民居　形成村民发生行为的场所　平面图	两侧建筑适当错落排布，形成富有变化的凹凸空间	形成村民发生行为的空间
2	将二楼阳台出挑形成灰空间　剖面图	两侧建筑二楼阳台适当外挑，形成灰空间	既能遮阳避雨，又能丰富立面变化
3	青砖瓦片等本土材料　剖面图	采用本土材质对建筑立面进行更新处理	既能延续地域文化，又能丰富立面变化

续表

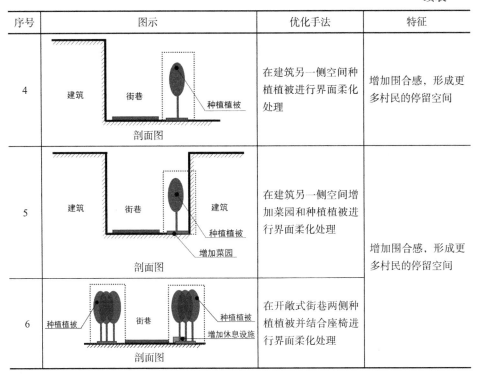

序号	图示	优化手法	特征
4	建筑　街巷　种植植被 剖面图	在建筑另一侧空间种植植被进行界面柔化处理	增加围合感，形成更多村民的停留空间
5	建筑　街巷　建筑 种植植被 增加菜园 剖面图	在建筑另一侧空间增加菜园和种植植被进行界面柔化处理	增加围合感，形成更多村民的停留空间
6	种植植被　街巷　种植植被 增加休息设施 剖面图	在开敞式街巷两侧种植植被并结合座椅进行界面柔化处理	

街巷是一个整体，以上街巷形式、街巷尺度、街巷界面等方面的优化原则与具体策略是相互交叉、相互影响的，在某一具体街巷的优化过程中，需要结合实体情况，将形式、尺度、界面等方面的优化统筹协调考虑。

6.3.2.3　面状公共空间的优化

根据前文描述，对西安周边乡村面状公共空间的优化，主要是广场空间的优化，其是整个乡村公共空间优化的核心。针对前文描述的西安周边乡村广场的空间特征，从满足各类传统民俗活动和现代娱乐活动的村民需求出发，坚持小尺度空间为主的原则，兼顾体现西安周边乡村地域文化特征，以更好吸引村民聚集活动进而提高广场空间的活力为最终目标，主要从广场选址、广场形式、广场尺度等方面对其进行优化，优化原则与策略如下：

1. 广场选址

广场选址的优化原则为：结合宏观层面公共空间"微循环"系统的构建，对于部分新增广场空间的选址，坚持公共空间整体的均质性和可达性，选择与村民日常生产生活紧密相关区域，体现就地性。其具体优化策略，如：靠近村民日常重要的聚集点（祠堂、村民服务中心、古树等），贴近民居的宅前屋后，靠近重要街巷的交汇点（丁字路口、十字路口等），见表6.9。

序号	示意图	优化手法
1	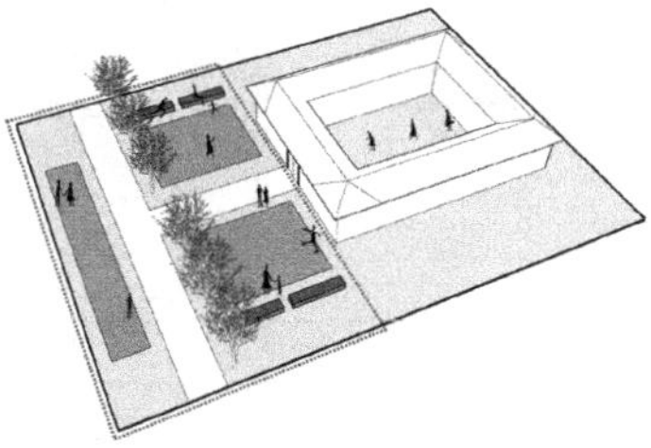	广场与祠堂等重要公共建筑相邻
2		广场与古树等重要节点相邻
3	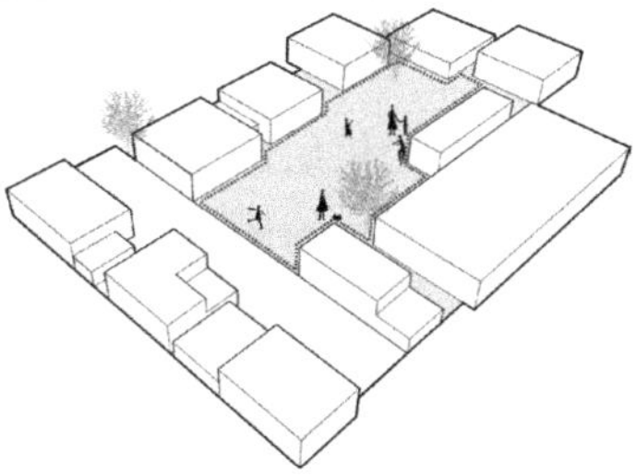	广场与民居聚集区相邻
4	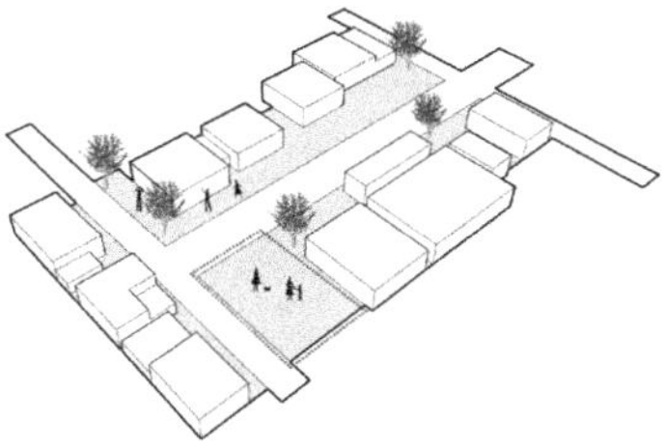	广场与重要街巷的交汇点相邻

2. 广场形式

广场形式的优化原则为：对广场空间进行功能分区，需要综合考虑村民当前的生产生活需求和经济成本，适当植入新空间或新设施，赋予广场新功能，同时结合前文关于广场的空间特征分析，采用延续传统空间组织形式、借鉴传统建筑装饰样式、还原传统建筑乡土颜色、使用本土材料等方式，将体现西安周边乡村地域文化的元素在整体广场空间（包括在新植入空间和设施上）优化中充分运用，同时体现生长性和地域性，如图 6.24 所示。具体优化策略，如植入新空间或新设施，可以是增加儿童活动的沙坑、老年人活动健身设施等；体现西安周边乡村地域文化元素的运用，可以是本土材料的铺装、体现本土历史的景观小品等。

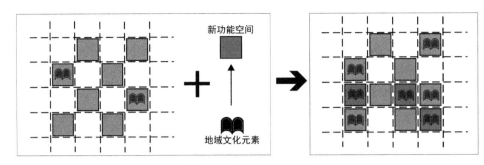

图 6.24　广场形式优化

3. 广场尺度

结合前文关于广场的空间特征分析，广场尺度的优化原则为：慎重考虑"大尺度"以及积极创造"小尺度"，结合广场的功能分区情况和地面高程差变化情况，对尺度不适宜的广场空间进行适当围合（按照围合感由强到弱，广场的围合方式可分为四面围合、三面围合、两面围合和一面围合四种，如图 6.25 所示），围合的景观要素通常有实界面和虚界面两种，结合实际优化场景，不同的景观要素可以交叉混合使用，使得优化后的围合空间面积及其与周边围合的宽高比（D/H）控制在适宜的尺度，体现围合感和向心性。具体的优化策略，如：通过建筑物、植被、小品等景观要素进行广场的围合，见表 6.10。此外，广场自身底界面变化也可以一定程度上弱化广场过大的尺度感，如：广场地面高程差的变化和广场地面材质铺装的变化，见表 6.11。

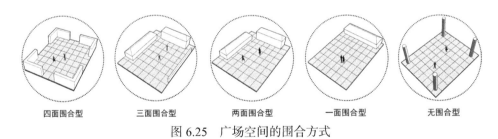

| 四面围合型 | 三面围合型 | 两面围合型 | 一面围合型 | 无围合型 |

图 6.25　广场空间的围合方式

通过围合进行广场尺度的优化　　　　　　　　　　　表 6.10

序号	围合示意图	优化手法	围合特征说明
1	建筑　建筑　围合空间　建筑　建筑　建筑	通过建筑物的围合	将周边的废弃建筑进行更新，作为服务于广场的空间

序号	围合示意图	优化手法	围合特征说明
2		通过植被的围合	增加具有一定数量和高度的植被，丰富广场的空间层次
3		通过景观小品和休息设施的围合	增加一定数量的景观小品和休息设施，形成村民视觉焦点，丰富广场的空间层次

通过底界面变化进行广场尺度的优化　　　　　　表 6.11

序号	示意图	优化手法	特征说明
1		通过广场地面高程差的变化	形成不同高度的广场空间，丰富广场的空间层次
2		通过广场地面材质铺装的变化	将广场进行分区，使底界面更加丰富

同样，广场是一个整体，以上广场选址、广场形式、广场尺度等方面的优化原则与具体策略是相互交叉、相互影响的，在某一具体广场的优化过程中，也需要结合实体情况，将选址、形式、尺度等方面的优化统筹协调考虑。

6.3.3 微观层面：要素功能的整合与复合

与中观层面的优化对象相似，微观层面的优化对象也是各类点状、线状和面状公共空间，其优化更多是为了支撑中观层面各类点状、线状和面状公共空间细节上的优化效果，即中观层面策略与微观层面策略的优化效果都体现在各类点状、线状和面状公共空间上。因此，微观层面优化策略与中观层面优化策略存在一定的重叠交叉，只是其更为细化、具体。

结合乡村公共空间村民需求中"功能设施"和"精神文化"的相关优化目标，西安周边乡村公共空间微观层面需要对各类点状、线状和面状公共空间中的要素和功能进行有效组织和优化，使得各类公共空间成为多维复合的有机整体，并满足其设施种类、设施数量、文化特征等村民需求。因此，本节主要从空间要素整合和空间功能复合两个方面给出公共空间微观层面的优化策略。

6.3.3.1 空间要素整合

空间要素主要包括材质、色彩、尺度、空间关系等[67]，这些要素在公共空间上都不是独立存在的，而是相互影响、相互制约的关系，在某一具体公共空间的优化过程中，需要站在整合的视角将各个空间要素的优化综合考虑，使其能够相互协调、相互促进，形成合力，并通过各种景观语言（如：地面铺装、景观小品、植物等）进行呈现和展现，使优化的公共空间成为一个有机的统一体，成为真正有利于村民开展各类社会活动的物质场所。

结合乡村公共空间村民需求中"精神文化"的相关优化目标，空间要素整合的优化，特别需要注重西安周边乡村本土材质、乡土色彩的提取及通过现代设计手法的转译运用，这样既能给村民带来良好的审美体验，又能保存其深层的情感记忆。其中，西安周边乡村公共空间的本土材质主要有瓦片、红砖、石块、青砖、木质、夯土、竹质等[235]，如图 6.26 所示，西安周边乡村的乡土色彩整体较为稳重，主要有：褐色系、灰色系、绿色系、黄色系等[235]，如图 6.27 所示。

| 瓦片 | 红砖 | 石块 | 青砖 | 木质 | 夯土 | 竹质 |

图 6.26　西安周边乡村主要的本土材质

图 6.27　西安周边乡村主要的乡土色彩

6.3.3.2　空间功能复合

　　空间功能主要包括生产、生活、信仰、娱乐、政治等，这些功能还可以进一步细分，在某一具体公共空间的优化过程中，需要注重空间功能的适应性复合，在公共空间原有主体功能的基础上适当融入其他功能，"以活动来带动其他活动"，这样不仅能够给村民带来便利，触发村民更多社会交往的机会，提升空间的活力，并且能够对空间进行更为集约的利用。

　　结合乡村公共空间村民需求中"功能设施"的相关优化目标，空间功能复合的优化，需要注重两个方面：一是空间功能的适应性"合"。"合"是"结合、相加、共计"的意思，是指异质功能上适应性叠加，表现为同一公共空间内部功能设施种类的增加。具体优化策略，如：生产空间叠加生活功能、生活空间叠加生产功能、政治空间叠加生活功能、信仰空间叠加生活功能等[26]，如图 6.28 和图 6.29 所示。二是空间功能的适应性"复"。"复"是"重复、增加、复数"的意思，是指同一功能设施要保证合适数量，表现为同一公共空间内部相同功能的设施数量上的合理增加。具体优化策略，如：广场空间具有总的功能类型保持不变，根据村民实际需要，适当增加座椅、健身设备等公共设施的数量。

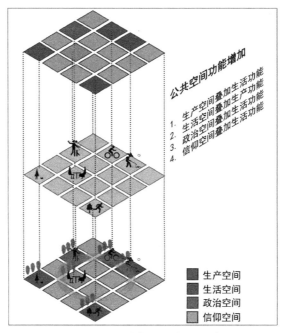

图 6.28　空间功能的适应性"合"

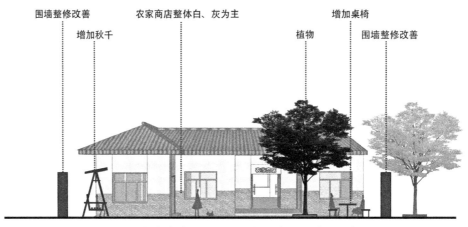

图 6.29　农家商店门口空间功能适应性"合"的优化

6.4 "社会－空间"一体优化策略运用总体原则与一般流程

基于"社会－空间"一体的乡村公共空间优化策略，其"空间域"和"社会域"策略是相辅相成、不可分割的，体现了以"社会"和"空间"为紧密结构的乡村公共空间系统的综合性。以下是在基于"社会－空间"一体乡村公共空间优化策略运用中需要把握的总体原则与一般流程。

6.4.1 优化策略运用的总体原则

在西安周边乡村公共空间"社会－空间"一体的优化策略运用中，需把握以下几个方面的原则：

1. 把握"社会域"与"空间域"优化策略的组合选择运用。西安周边乡村公共空间"社会－空间"一体的优化策略，既涵盖意识形态深层、社会规范中层及日常活动表层的"社会域"优化策略，又涵盖宏观层面、中观层面及微观层面的"空间域"优化策略，且每个层面有很多具体的优化策略，整个优化策略体系全面、系统且完善，是乡村公共空间优化的总体指导，在某一具体乡村公共空间优化过程中，并不是所有的"社会域"与"空间域"优化策略都需要完整覆盖并运用，而是需要结合乡村公共空间的实际情况，对优化策略进行有针对性的组合选择运用，坚持横跨"社会"与"空间"两域，并突出解决存在的核心问题。

2. 把握"社会域"与"空间域"优化策略间的相互作用关系。由于"社会域"与"空间域"优化策略之间存在复杂的相互作用关系，在选择运用乡村公共空间"社会"与"空间"两域优化策略过程中，要努力使两个域的优化策略达到相互促进、迭代提升的正向效果。另外需要指出的是，不同的"社会域"与"空间域"优化策略之间相互作用关系的强度是有差异的，有些作用关系比较显著，如"社会域"优化策略中的多元主体机制，其对乡村公共空间"空间域"优化策略的影响较为直接和全面，而有些作用关系则比较细微，如"社会域"优化策略中的村民认知能力提升策略，其对乡村公共空间"空间域"优化策略的影响则较为间接且长期。

3. 把握"社会域"与"空间域"优化策略间的显性循环作用链。由于"社会域"与"空间域"优化策略之间存在相互作用关系，"社会域"与"空间域"优化策略间会有循环作用链，要重点提炼其中的显性循环作用链，可作为优化策略整体运用的主线，如多元主体机制的实施（社会域）→公共空间整体功能形态更符合村民需求（空间域）→意识层面村民对乡村更为认同（社会域）→更为主动投身于乡村公共事务（社会域）→更好地保障多元主体机制的实施（社会域），这样可以使某些"微小"优化策略的运用，就像往整个乡村公共空间植入一个"触媒"，能够催化激发乡村公共空间成体系优化的连锁反应。

4. 把握"社会域"优化策略内部的复杂关联关系。由于"社会域"优化策略内部的部分策略之间也存在有复杂关联关系，需要注重"社会域"内部优化策略的系统性配合才能实现相应的优化效果，如意识形态深层中村民价值认同中地域文化的发掘，需要与日常活动表层中的注重布局多样的经济性活动（产业）相结合，才能在传承地域文化的同时，更好地激发村民参与乡村公共事务的积极性，从而转化为稳定而持久的价值认同。

5. 把握"空间域"优化策略内部的复杂关联关系。由于"空间域"优化策略内部的部分策略之间也存在有复杂关联关系，需要注重"空间域"内部优化策略的系统性配合才能实现相应的优化效果，如中观层面的各类点状、线状和面状公共空间的优化过程中，需要以微观层面各类空间要素的整合与空间功能的复合在细节上优化为支撑，才能有效地展现各类点状、线状和面状公共空间的整体优化效果。

6.4.2 优化策略运用的一般流程

西安周边乡村公共空间"社会－空间"一体的优化策略，其"社会域"与"空间域"优化策略是一体的，但由于"社会域"与"空间域"优化策略之间以及各个域内部优化策略存在复杂的关联关系，要使乡村公共空间获得良好而持久的整体优化效果，其各个优化策略的运用一般不能同步，需要总结提炼"社会－空间"一体优化策略运用的一般流程。因此，基于西安周边乡村公共空间"社会－空间"一体优化策略运用的总体原则，分析提炼其运用的一般流程，将一般流程划分为两个阶段：

阶段1：确定优化策略运用的主线。以"社会域"社会规范中层优化策略与"空间域"宏观、中观和微观层面优化策略的交叉运用作为基于"社会－空间"一体优化策略的主线，具体从多元主体机制的运用开始（完成乡村公共空间优化动力的更新），再进行宏观、中观和微观层面优化策略的运用（其中，中观和微观层面的优化策略都可以体现在点状、线状和面状公共空间的优化效果上），最后进行其他制度机制（如日常维护制度）的运用（持久保持公共空间的优化品质）；

阶段2：考虑"社会域"其他优化策略与主线上优化策略的关系，确定其他优化策略的运用时机。其中，"社会域"日常活动表层优化策略需要与"空间域"宏观、中观和微观层面优化策略进行关联，其是"空间域"优化策略有效运用的重要约束，即在"空间域"宏观、中观和微观层面优化策略运用中需要考虑"社会域"日常活动表层优化策略的运用，如"空间域"宏观层面优化策略运用需要考虑乡村公共空间整体的产业布局，"空间域"中观和微观层面

（点状、线状和面状公共空间）优化策略运用需要考虑各种社会活动的策划与组织等；而"社会域"意识形态深层的优化策略作为一项长期性、基础性的策略，贯穿于基于"社会－空间"一体优化策略运用主线的始终，对主线上所有优化策略及其他优化策略的运用起基础支撑作用。

综上，乡村公共空间"社会－空间"一体优化策略运用的一般流程，如图6.30所示。

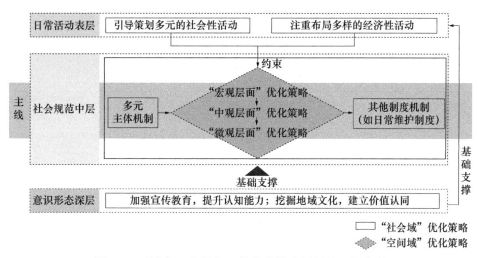

图6.30 "社会－空间"一体优化策略运用的一般流程

6.5 本章小结

本章对基于"社会－空间"一体的西安周边乡村公共空间优化策略进行了研究。基于空间正义，结合乡村公共空间村民需求的理论模型，进一步明确了西安周边乡村公共空间的优化目标和相关原则，之后从意识形态深层（认知提升，价值认同）、社会规范中层（多方参与，内力重构）和日常活动表层（科学引导，兼顾产业）分别给出了"社会域"优化策略，从宏观层面（整体风貌延续＋空间"微循环"）、中观层面（"点、线、面"系统关联）和微观层面（要素功能的整合与复合）分别给出了"空间域"优化策略，最后基于"社会域"与"空间域"优化策略的整体分析，给出了基于"社会－空间"一体乡村公共空间优化策略运用的总体原则和一般流程。本章基于"社会－空间"一体的乡村公共空间优化策略及其运用总体原则和一般流程，为下一章基于"社会－空间"一体乡村公共空间优化的实证研究提供了总体优化策略指导。

7 实证研究——车村公共空间 "社会－空间"一体优化

7.1 案例概况

7.1.1 选取缘由

车村，位于西安白鹿原地区灞桥段狄寨街道南部，紧邻鲸鱼沟景区，占地约329.26hm²。其为行政村，下辖西车村和东车村2个自然村（西车村和东车村分别于2017年和2018年列入西安市美丽乡村创建达标名单，且都属于本书研究选取的40个样本乡村范畴），共782户2947人，村民住宅组团主要分布于风光路和孝王路（两条进村主路）之间。如图7.1所示。

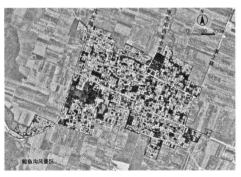

图 7.1 车村区位卫星图
（图片来源：改绘自 google 地图）

本书选取车村作为"社会－空间"一体优化策略分析的实证案例，主要是基于该乡村具有以下几个特征：

1. 自然环境方面：白鹿原地区自古以来就是一片生态净土，使得车村自然环境总体良好，环境清幽，乡村聚落周边的田园格局保存基本完整，还有鲸鱼沟、麦草人有机农业公园、九宫樱苑等生态景区，乡村聚落内部也留存较多的树林、苗圃、竹林等生态空间。

2. 人文历史方面：车村历史文化底蕴深厚，宋代大将军狄青征西夏时曾长期将战车、战马等囤积于此（车村也由此得名）；传统手工艺突出，拥有打铁、竹编等多项历史流传的手工艺，且相关的手工艺匠人传承较好；传统民俗活动丰富，有社火、高跷、芯子、秧歌等；此外，车村的家庭以单一姓氏"屈"姓为主，村内人员构成相对简单，具有能够发挥家族主义内隐作用基础条件。

3. 产业经济方面：车村既不属于已经高度工业化或商业化的发达乡村，也不属于欠发达的贫困乡村，经济水平整体良好，村内产业以种植业为主，主体为樱桃和葡萄，零星种植其他粮食作物，少数家庭从事与鲸鱼沟景区相关旅游休闲服务，村内多数青壮年白天在西安城区务工，夜晚回村住宿。

4. 空间场所方面：在各类乡村建设政策的指导和驱动下，车村整体建筑和主路建设品质良好（尤其是西车村），但靠近鲸鱼沟河漫滩处建筑以及乡村聚落内部部分建筑较为老旧，建筑周边环境品质有待提升，部分公共景观节点也有待进一步改善。

因此，车村属于西安周边正在发展中的乡村，具有集聚提升类乡村的基础条件，也存在乡村发展上的诸多问题，在一定程度上具有西安周边集聚提升类乡村的典型性。

7.1.2 上位规划

按照大西安空间结构图，车村位于西安现代生态服务轴，该轴线依托浐河和灞河，以现代服务、生态休闲、国际交流为主要功能；按照大西安产业布局结构图，车村位于西安文化产业大走廊，整个白鹿原地区都是西安文化产业发展的重要节点；此外，车村具体位于灞桥区白鹿原城市生态公园片区，是台塬生态保持和发展生态旅游的重要基地（图 7.2、图 7.3）。

上位规划赋予了车村需要承担西安现代生态服务和繁荣文化产业的职能，另外还可以看出，车村与西安城市关系较为紧密，其公共空间优化的总体思路不仅需要把握其作为乡村的地域文化特征，并且需要协调与城市的关系。

图 7.2　大西安空间结构和产业布局结构

（资料来源：引自陕西省城乡规划设计研究院，灞桥区狄寨街道车村村庄规划，2019 年 6 月）

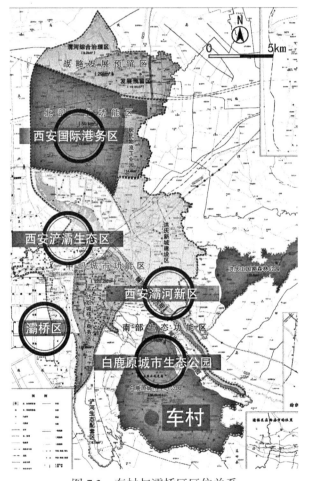

图 7.3　车村与灞桥区区位关系

（资料来源：引自陕西省城乡规划设计研究院，灞桥区狄寨街道车村村庄规划，2019 年 6 月）

7.1.3　公共空间相关现状

除了上述在分析案例选取缘由过程中描述关于车村公共空间基本情况以

外，其他相关现状如下：

1. 车村村民参与公共空间优化建设处于较低水平。与其他西安周边乡村公共空间生产相似，车村当前相关公共空间优化，更多是外力（主要是灞桥区政府、狄寨街道办事处和西安白鹿原建设投资有限公司）驱动，作为乡村主体的村民只是在项目建设前期相对被动地参加相关需求的象征性访谈和会议，在公共空间功能形态优化上并没有真正参与决策，使得当前车村部分公共空间的优化，既没有让村民认识到其在公共空间优化中的自身优势，从而真正意义上获得运用自身知识和智慧助力家乡发展的机会，又没有通过公共空间的优化使得村民进行再学习并成长。

2. 车村公共空间与其产业发展布局的耦合度不高。车村自然生态环境优越以及历史人文积淀厚重，具备履行现代生态服务和繁荣文化产业职能的基础和条件，但是除了传统种植业和鲸鱼沟景区发展相对较好，车村其他的产业发展布局并未与公共空间完成耦合，如鲸鱼沟景区配套的休闲服务产业、相关文化产业等。

3. 车村公共空间的社会活力未被全面激活。车村主要公共空间整体布局较为均质，但是品质良好的主要公共空间较为集中（大都集中在村民服务中心附近），很多公共空间的品质有待提升（存在着功能复合度不高、地域文化特色不明显、过于开敞空旷、相关基础设施破败等诸多问题），且村内存在少量断头路以及零散未利用闲置建筑和空地，不利于其有效发挥促进邻里沟通、激发社会交往、维系社会关系等作用。

车村现有主要公共空间"空间域"的整体分布情况，如图7.4所示。主要点状、线状和面状公共空间的具体情况，见表7.1～表7.3。

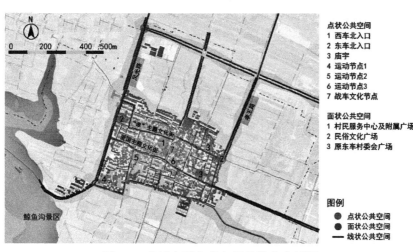

图7.4 车村主要公共空间整体分布情况

主要点状公共空间现状分析 表 7.1

序号	名称	位置	现状照片	占地面积	现状及问题
1	西车北入口	西车村西北口		约 200m²	入村路旁设置村牌石，无其他空间
2	东车北入口	东车村东北角		约 300m²	功能复合性较高，但缺失座椅等休闲设施
3	庙宇	东车村东北区域		约 200m²	使用率高，年久失修，无其他配套基础设施
4	运动节点1	西车村西南区域		约 340m²	总体较好，各项功能较为完善，地域特色较为明显
5	运动节点2	西车村中部		约 780m²	功能不完善，地域特色缺失
6	运动节点3	东车村西南区域		约 470m²	总体较好，各项功能较为完善，地域特色较为明显
7	战车文化节点	东车村西侧中部		约 480m²	总体较好，各项功能较为完善，地域特色较为明显

序号	道路类型	道路名称	现状照片	宽度	现状及问题
1	主路	风光路、孝王路		约8m	两侧行道树过于稀疏，路面缺乏人行道，有安全隐患，且地域特色不明显
2	主路	"孝"主题文化街、爱国主题文化街		约5m	主题较为明显，路面材质质感单一，部分侧界面较杂乱

面状公共空间现状分析 表7.3

序号	名称	位置	现状照片	占地面积	现状及问题
1	村民服务中心及附属广场	西车村中部偏东北		约3123m²	总体较好，各项功能较为完善，地域特色较为明显，但路面材质质感单一
2	民俗文化广场	西车村西侧中部		约2060m²	总体较好，各项功能较为完善，地域特色较为明显
3	原东车村委会广场	东车村中部偏东南		约1200m²	总体破败，已废弃

7.2 车村公共空间"社会－空间"一体优化的总体解译

基于车村公共空间相关现状，结合上位规划赋予车村的总体职能，采用基于"社会－空间"一体对车村公共空间进行优化解译。具体参考上一章节提出的西安周边乡村公共空间"社会－空间"一体优化策略运用的一般流程，提出车村公共空间"社会－空间"一体优化策略运用的总体流程如下：

首先，"社会域"多元主体机制的运用。改变当前车村公共空间优化都是外力驱动的现状，梳理当前车村公共空间优化中涉及的利益主体，确立多元主体参与公共空间优化的关系结构和整体流程，需要特别凸显村民在公共空间优化中的地位和作用，使得村民能够充分认识自身在车村建设上的优势，并通过参与具体公共空间优化实现自身相关知识的增长。由于多元主体机制对公共空间"空间域"整体功能形态都会有直接而全面的影响，因此其是整个"社会－空间"一体优化理念运用的重要保障。

其次，"空间域"宏观、中观和微观层面优化策略的运用。宏观层面优化体现在车村公共空间体系的优化上，总体原则是保留品质较好的、提升品质一般的，另外需要结合车村"社会域"产业布局的优化，以及车村现有空地和闲置住宅情况，增加相应与产业复合的公共空间（如旅游配套的休闲空间、文创产业空间等）以及其他功能的公共空间，使公共空间体系的可达性更佳，最终形成车村公共空间的"微循环"系统；基于本书第六章"空间域"优化策略的分析，中观和微观层面优化都体现在车村点状、线状和面状公共空间的优化上，需要结合车村村民日常活动需求以及车村"社会域"传统民俗活动、现代文化活动等组织策划对场所空间需要，对点状、线状和面状公共空间进行针对性优化，最终使其更为有效发挥激发社会活力的作用。因此，"空间域"宏观、中观和微观层面优化策略的运用可以归结为车村公共空间体系的优化以及点状、线状和面状公共空间的优化。

最后，"社会域"日常维护制度的运用。推广使用白鹿原地区乡村的"户长制"模式，结合车村实际情况，进行"户长制"的细化和具体化，并增加考核机制和激励机制的相关条款。

此外，还需"社会域"村民意识形态领域改造相关优化策略的运用，这是一项间接而长期的工作，贯穿车村公共空间优化的始终。结合车村人文历史方面的基本条件，需要特别注重充分发挥车村家族主义的内隐作用，注重车村乡村精英的培养，使其在对村民的宣传教育中发挥更大作用，以及不断发掘车村的地域文化，与相关产业进行复合，使村民对车村文化价值更为认同。

综上，车村公共空间"社会－空间"一体优化策略运用的总体流程，如图 7.5 所示。

本章以下两节为上述总体流程中车村公共空间"社会域"和"空间域"相

关优化策略的具体描述。由于车村公共空间"社会域"和"空间域"是一个有机整体，因此，在"社会域"优化策略的描述中需重点凸显其对"空间域"的影响和约束，而在"空间域"优化策略的描述中需重点凸显其对"社会域"的影响，最终使二者达到正向反馈的良性局面。

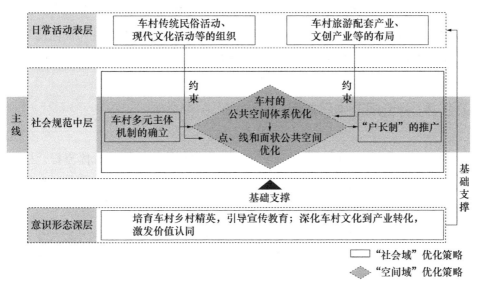

图 7.5　车村公共空间"社会－空间"一体优化策略运用的总体流程

7.3　车村公共空间"社会域"优化策略

7.3.1　意识形态深层方面

根据车村公共空间"社会－空间"一体优化策略运用的总体流程，意识形态深层方面的相关优化策略是总体流程中其他优化策略的基础支撑，车村村民意识形态方面的改造，除了一般的优化策略（本书第6章"社会域"优化策略已经描述）以外，需要注重以下两点：

1. 培育车村乡村精英，更好引导车村村民的宣传教育。基于车村家庭主体单姓"屈"的条件，充分发挥车村家族主义在村民宣传教育中的内隐作用，注重在车村退休干部、企业家、技术专家等中挖掘并培育乡村精英，在乡村精英经常性的引导下，结合党和政府的乡建政策及相关知识，加强对村民进行车村地域文化以及乡村公共空间优化方面的教育宣传，不断提升车村村民对乡村建设的认知和理解能力，使其更好地参与车村公共空间优化。

2. 深化文化到产业转化，更好激发车村村民的价值认同。以车村浓厚的地域文化发掘（除了车村基本情况中描述的相关文化以外，还有车村人引水史、车村近代相关名人、鲸鱼沟相关历史等）为切入点，完成地域文化到相关文化产业的科学转化，切实提升车村地域文化与车村村民切身利益的关联性，进一步增强车村村民对家乡的自豪感和认同感，使其更主动愿意参与车村公共空间优化。该方面优化策略与车村产业布局紧密关联（车村产业布局优化策略在本章"社会域"优化策略的日常活动表层中描述）。

7.3.2 社会规范中层方面

根据车村公共空间"社会－空间"一体优化策略运用的总体流程，社会规范中层的相关优化策略是总体流程的主线，主要包括车村多元主体机制的确立以及"户长制"的推广。

1. 车村多元主体机制的确立

车村公共空间优化的相关主体，包括车村村民（包括车村村委会、乡村精英和普通村民）、灞桥区政府和狄寨街道办事处、西安白鹿原建设投资有限公司以及景观设计师。根据本书第6章"社会域"优化策略中描述的不同多元主体共同参与关系结构的适用场合分析，结合车村公共空间不同区域的具体情况，车村聚落内部相关公共空间的优化可以采用地方政府主导型多元主体共同参与的关系结构，而鲸鱼沟景区及其配套休闲服务区域（主要是西车村向南靠近鲸鱼沟河漫滩处的闲置建筑作为配套休闲服务场所进行改造，在本章"社会域"优化策略的日常活动表层中描述）的优化则可以采用开发公司主导型多元主体共同参与的关系结构，分别如图7.6和图7.7所示。多元主体机制具体的资金投入方式、各个主体职责和相关关系以及多元主体共同参与的整体过程等都与本书第六章"社会域"优化策略描述的相似，另外需要注重车村美丽乡村建设委员会在不同区域公共空间优化效果的协调性和整体性上发挥作用。

2. "户长制"的推广

车村家庭主体单姓"屈"，也给"户长制"在车村的推广创造了有利条件。在西车村7个村民小组和东车村7个村民小组的基础架构下，再往下分片区，每10户至15户为一个片区，并推荐一名"户长"（户长可以与车村乡村精英的培育挂钩），负责组织管理本片区内公共空间日常相关设施维护和环境卫生清理。"户长"的考核机制，可以通过片区内所有村民的民主评议以及片区内公共空间的实际情况进行，而"户长"的激励机制，可以从每年鲸鱼沟景区给车村的收益分享中拿出一部分作为"户长"们的物质奖励，并在推荐车村的村干部上给予优先考虑。"户长制"不仅可以在车村公共空间的日常维护上发挥作用，还可以及时化解车村村民之间"微难题"和"微矛盾"，从而进一步提升车村村民的自治水平。

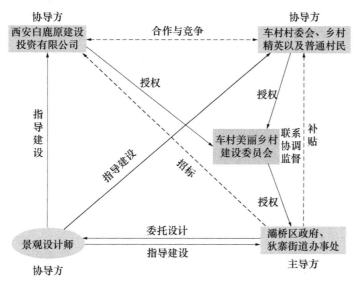

图 7.6　车村地方政府主导型多元主体共同参与的关系结构

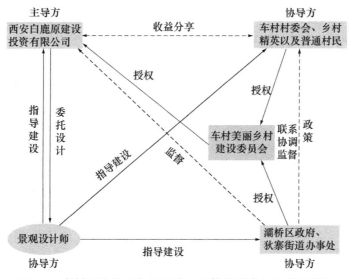

图 7.7　车村开发公司主导型多元主体共同参与的关系结构

7.3.3　日常活动表层方面

根据车村公共空间"社会－空间"一体优化策略运用的总体流程，日常活动表层相关优化策略是总体流程中"空间域"优化策略的重要约束，主要包括车村多元社会活动的组织策划以及车村产业布局的优化。

1. 车村多元社会活动的组织策划

车村现有的社会活动，主要包括传统民俗活动和现代文化活动，其中传统民俗活动主要有社火、高跷、芯子、秧歌等，现代文化活动主要有各类文化下乡活动、各类家庭及个人的评选（如五好文明家庭、十星文明户、好婆婆和好媳妇）等。延续并规范组织车村现有的多元社会活动，科学引导车村青年参与和体验各类传统民俗活动，并根据各类社会活动组织对公共空间场所要求，约束指导"空间域"中相关点状、线状和面状公共空间的优化，如：车村文化礼堂对应的广场空间，需要经常性的举办文化下乡、社火表演等全村大型聚会活动，其广场"空间域"优化过程中不宜有过多固定围合；此外，利用车村现有公共空间及配套设施，策划举行车村新的社会活动，如乒乓球赛、篮球赛、广场舞比赛等。

2. 车村产业布局的优化

基于上位规划赋予车村的总体职能，将鲸鱼沟旅游发展带中的杨家沟民宿旅游纳入考虑范围，规划形成车村"一轴、一带、三心、四板块"的空间结构，如图7.8所示。其中"四板块"主要是产业布局，分别为车村民宿旅游板块、文创产业板块、农业种植观光板块和杨家沟民宿旅游板块。当前，产业布局中的农业种植观光板块和杨家沟民宿旅游板块总体发展良好，因此，车村产业布局优化需要重点布局增加文创产业和车村鲸鱼沟景区配套旅游休闲产业。其中，文创产业，可以结合车村自然环境、人文历史、产业经济等基本情况，打造相关文创产品；鲸鱼沟景区配套旅游休闲产业，可以将靠近鲸鱼沟景区的车村空闲民居进行改造，发展相关民宿、农家乐等。这些新布局产业相关联的公共空间需要在"空间域"公共空间体系的优化中予以考虑，在整个车村公共空间体系中新增文创产业和车村鲸鱼沟景区旅游配套休闲产业相关联的公共空间（在本章"空间域"优化策略的公共空间体系中描述）。

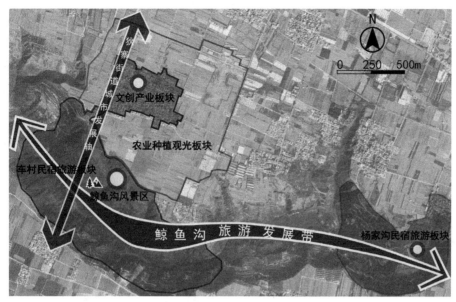

图 7.8 "一轴、一带、三心、四板块"的空间结构

（资料来源：引自陕西省城乡规划设计研究院，灞桥区狄寨街道车村村庄规划，2019 年 6 月）

7.4 车村公共空间"空间域"优化策略

根据车村公共空间"社会－空间"一体优化策略运用的总体流程，"空间域"相关优化策略可分为车村公共空间体系的优化以及点状、线状和面状公共空间的优化。其中，关于车村点状、线状和面状公共空间的优化，由于篇幅原因，本节只给出车村部分典型点状、线状和面状公共空间的具体优化策略及优化效果。

7.4.1 公共空间体系方面

按照"充分利用现状，局部适当新增，配套设施提升"的思路进行车村公共空间体系的优化。基于车村主要点状、线状和面状公共空间的具体情况，将品质较好的给予保留，品质欠佳的给予提升，并结合"社会域"策略中产业布局相关情况以及车村闲置建筑和空地情况，适当新增相应类型的点状和面状公共空间，打通车村所有的断头路，形成以风光路、"孝"主题文化街和爱国主题文化街为主轴，串联主要公共空间节点的车村公共空间"微循环"系统。新增的点状和面状公共空间主要有：结合"社会域"优化策略中文化产业布局，改造进入鲸鱼沟景区风光路中段旁的荒地，打造为车村文创展示中心；结合"社会域"优化策略中车村鲸鱼沟景区配套旅游休闲产业的布局，改造西车村南部靠近鲸鱼沟河漫滩处的闲置建筑，打造为车村民宿群；结合车村整体村入口情况，增设东车东入口（唯一没有村入口空间的入村主路）；此外，为促进西车村和东车村两个自然村村民的交往联系，在西车东车分界线靠南，通过移除废弃建筑打通断头路，增设共享空间节点。车村公共空间体系优化后的整体布局，如图 7.9 所示。

图 7.9　车村公共空间体系优化后的整体布局

7.4.2　点状公共空间方面

结合车村主要点状公共空间的现状分析，其总体优化策略，见表 7.4。

车村主要点状公共空间总体优化策略　　　　　　　　　　　　表 7.4

序号	名称	总体优化策略
1	西车北入口	建议结合周边空地打造入口空间，并增加其他功能的基础设施
2	东车北入口	建议增加座椅等休闲设施，完善功能
3	庙宇	建议进行修缮，并结合周边空地进行环境提升，完善其他功能
4	运动节点 1	建议维持现状
5	运动节点 2	建议适当增加围合，更换本土材质的地面铺装，并增加其他功能的基础设施

序号	名称	总体优化策略
6	运动节点3	建议维持现状
7	战车文化节点	建议维持现状
8	东车东入口（新建）	建议结合现状，打造具有车村地域特色，功能复合的门户空间
9	共享空间节点（新建）	建议结合现状，移除废弃建筑，复合车村历史及其他休闲功能
10	民宿群（新建）	建议结合现状，对老旧建筑进行改造，打造具有车村地域特色的民宿群

以下以东车东入口和共享空间节点为例来描述典型点状公共空间的具体优化策略和优化效果。

1. 东车东入口

东车东入口现状如图7.10所示。其具体优化策略为：一方面，利用周边环境，打造特色门户空间。以入村主路旁的醒目节点水塔为背景，打造东车东入口空间，增加地标性入口木制牌坊，整平路面并铺设沥青，两侧增设人行道，保证人车分离，保留入口空间周边的民居建筑，对其进行加固和外立面提升。另一方面，营造停留场所，提升门户整体环境。改造入口牌坊旁空地，采用矮墙、公告栏、植被等景观要素进行围合，植入具有车村历史文化记忆的景观家具，将其打造为村民的休闲停留场所，并在保留原有树种的情况下对门户空间进行绿化整修。东车东入口的优化平面图和效果图，如图7.11和图7.12所示。

东车东入口的优化，在一定程度上可以改善东车公共空间相对缺乏的现状，进一步提高车村公共空间体系的均质性和可达性，同时，优化了东车村的门户环境，充分体现车村乡土特色并复合休闲停留功能，有利于延续地域文化，唤起集体记忆，促进社会交往和激发社会活力。

图7.10 东车东入口现状
（图片来源：作者自绘和课题组摄）

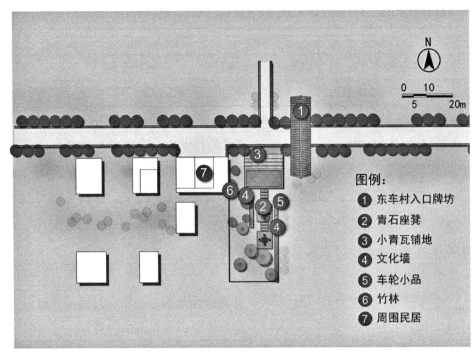

图 7.11　东车东入口优化平面图

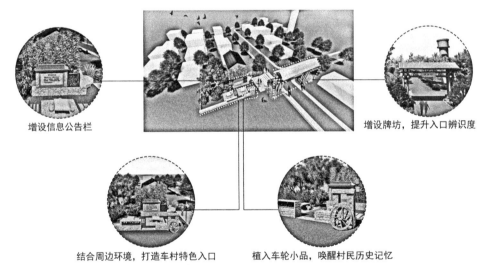

增设信息公告栏　　　　　　　　　　　　　　　增设牌坊，提升入口辨识度

结合周边环境，打造车村特色入口　　　植入车轮小品，唤醒村民历史记忆

图 7.12　东车东入口优化效果图

2. 共享空间节点

　　该空间节点位于西车东车分界线靠南，爱国主题文化街主路旁，是一个断头路路口，共享空间节点的现状如图 7.13 所示。其具体优化策略为：一方面，拆除废弃建筑，创造车村共享空间。征求西车和东车村民意见，拆除废弃建筑，打通断头路，创造一个西车和东车村民共享的街巷活动空间，对周边民居外立面进行适应性改造，并通过本土材质和植被对整个街巷活动空间进行合

理分区，提升整个空间景观环境。另一方面，共享车村历史，复合其他休闲功能。梳理西车和东车共同历史，在街巷活动空间两侧分别打造村史文化墙和信息公告栏，以通俗易懂的形式展示车村发展历史和日常信息，并考虑西车东车相关村民的日常活动，在保持街巷活动空间整体通畅的基础上，适当增加座椅等休闲设施。共享空间节点的优化效果，如图7.14和图7.15所示。

图7.13 共享空间节点现状
（图片来源：作者自绘和课题组摄）

图7.14 共享空间节点优化的平面图和效果图
（图片来源：课题组绘）

图7.15 共享空间节点"村史文化墙和展示牌"效果图
（图片来源：课题组绘）

共享空间节点的优化，断头路的打通改善了车村公共空间体系的可达性，在西车和东车的分界线设置一个共享节点，并植入西车和东车共同的发展史，有利于西车和东车两村村民的交往活动和社会重联，加速车村整体乡村共同体的构建。

7.4.3 线状公共空间方面

结合车村线状公共空间的现状分析，其总体优化策略，见表 7.5。

车村线状公共空间总体优化策略 表 7.5

序号	名称	总体优化策略
1	风光路、孝王路	建议将路面进行合理功能分区，设硬路肩，增加人行步道，两侧适当增加行道树，并在合适位置增设景观节点
2	"孝"主题文化街、爱国主题文化街	建议利用景观要素在适当节点进行"破碎化"处理，规整侧界面，提升两侧绿化并设置路灯，沿路结合院落和空地设置停车场所
3	无名巷道	打通对交通影响较大的断头路，对路面进行硬化，整治侧界面，并提升两侧绿化

以下以风光路入鲸鱼沟景区段为例来描述典型线状公共空间的具体优化策略和优化效果。

风光路入鲸鱼沟景区段是车村通向鲸鱼沟景区的游客必经之路，其现状如图 7.16 所示。其具体优化策略为：首先，路面分区，增设人行道。这是风光路整体的优化策略，采用本土石块铺装对路面进行功能分区，两侧增设宽度约 1m 的人行步道，并设硬路肩和排水沟，两侧适当补充增加同类行道树。其次，利用空地，增设景观节点。将该路段靠近民居一侧的黄土裸露区域打造为独具一格的景观节点，保留场地天然地势高差，将本土石材融入其中，并灵活配置具有季相变化和色彩搭配的地被植物。设置花境小景。最后，植入文化，打造景观墙。将该路段另一侧的挡墙打造为能够给充分体现车村战车文化的景观墙，科学搭配运用车轮、石墙、砖瓦、柴垛、农具等景观元素，并复合与人互动的空间。风光路入鲸鱼沟景区段的优化效果，如图 7.17、图 7.18 和图 7.19所示。

图 7.16 风光路入鲸鱼沟景区段现状
（图片来源：作者自绘和课题组摄）

图 7.17　风光路入鲸鱼沟景区段优化效果图

图 7.18　风光路入鲸鱼沟景区段"第一段景观墙"优化效果图
（图片来源：课题组绘）

图 7.19　风光路入鲸鱼沟景区段"第二段景观墙"优化效果图
（图片来源：课题组绘）

风光路入鲸鱼沟景区段的优化，丰富的路面形式，可提升村民和游客步行的安全性和指向性，同时路段两侧景观节点和景观墙的打造，更好地吸引村民和游客停留和交往，增加了该路段的趣味性，既能充分展示车村古老的战车文化，又能提升鲸鱼沟景区旅游的品质和内涵。

7.4.4　面状公共空间方面

结合车村主要面状公共空间的现状分析，其总体优化策略，见表7.6。

车村主要面状公共空间总体优化策略 表 7.6

序号	名称	总体优化策略
1	村民服务中心及附属广场	建议总体维持现状，更换采用不同本土材质的铺装并进行分区
2	民俗文化广场	建议维持现状
3	原东车村委会广场	建议与周边街巷空间有机融合，广场内部进行适当围合和功能分区
4	文创展示中心（新增）	建议保留空地中的高大植物，新建乡土建筑（如：艺术家工坊、乡创展示吧、乡创集市等），采用步道进行连接，并适当增加休憩空间

以下以原东车村委会广场为例来描述典型面状公共空间的具体优化策略和优化效果。

原东车村委会广场的现状和描述见表 7.3，由于该广场的优化涉及周边村民部分空闲建筑的利用和改造，需要在"社会域"优化策略多元主体共同参与的整体流程中召开该广场优化的专题会议，由空闲建筑所有者、村委会代表、开发公司、地方政府和景观设计师参加，主要目的是为该广场的优化达成一致意见。其具体优化策略为：首先，适当保留／拆除建筑，广场街巷有机融合。保留广场北侧和东侧空闲建筑，并适当增加室内设施，将其改造为村民活动中心和幸福院，同时拆除广场西侧和南侧破旧或临时的建筑和围墙，使广场与街巷的十字路口空间有机融合，并采用本土植物对其进行分界和软围合。其次，广场内部合理围合，按需进行功能分区。利用不同的本土地面铺装和植物对广场内部开敞空间进行围合和功能区分，考虑当前车村留村人口主要为老人和儿童，分别在广场东侧和西北侧专门增设老人室外活动区和儿童游乐区，并完善相关设施，而广场中部通过局部地形上的高差变化，形成一个村民可开展集体活动的空间（村民二十四节气活动广场）。最后，废料利用就地取材，提升空间细部环境。在广场内部细节优化方面，尽可能进行废料利用和就地取材，利用具有乡土特色的材质进行具体环境的构建，如拆除建筑和围墙后得到的青砖、石块、瓦片等，可以用来建造广场围合的小矮墙；村民家中闲置木料、麻绳、竹子等，可以用来加工制作儿童游乐设施。原东车村委会广场的优化平面图及效果图，如图 7.20 和图 7.21 所示。

原东车村委会广场的优化，可解决东车或者车村东南区域缺乏高品质面状公共空间的现实问题，其与街巷空间的有机融合，以及其复合的功能、适宜的尺度、生态的环境和体现的文化，都为这个区域村民提供了一个可以集体活动的高品质场所，日常也能吸引村民尤其是老人和小孩前往，有利于唤醒村民集体记忆、促进村民日常交往和加速车村共同体构建。

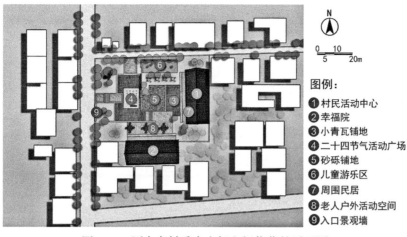

图 7.20　原东车村委会广场空间优化的平面图

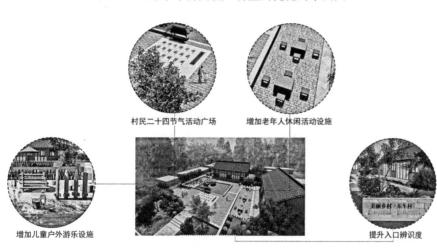

图 7.21　原东车村委会广场空间优化效果图

7.5　本章小结

　　本章对基于"社会－空间"一体的乡村公共空间优化策略进行了实证研究，以西安周边乡村灞桥区车村为案例，在分析其公共空间相关现状的基础上，给出了车村公共空间"社会－空间"一体优化的总体解译思路，并分别给出了"社会域"和"空间域"具体的优化策略，其中，在"社会域"优化策略的描述中重点分析了其对"空间域"的影响和约束，而在"空间域"优化策略的描述中重点分析了其对"社会域"的影响，最终使两方面的优化策略达到正向反馈的良性局面，以期"社会－空间"一体优化策略对西安周边乡村公共空间的优化实践起到一定的指导作用。

8 结 论

本书基于"社会－空间"一体的视角对西安周边乡村公共空间优化方法进行研究，分析提炼了西安周边乡村公共空间村民需求，深入探索了乡村公共空间"社会域"与"空间域"之间的相互作用机制，从而提炼出其"社会域"与"空间域"存在的具体问题，并针对性地设计"社会－空间"一体的乡村公共空间优化策略，最后以西安市灞桥区车村为案例对"社会－空间"一体乡村公共空间优化策略进行实证分析。本书的主要结论与创新点如下：

1. 揭示了乡村社会结构视角下西安周边乡村公共空间演变规律

以乡村社会结构为演变视角对西安周边乡村公共空间演变进行分析研究，从新中国成立前（1949 年前）、计划时期（1949～1978 年）、改革开放初期（1978～2005 年）、新时期（2005 年至今）四个时间阶段，分析了不同时代背景下西安周边乡村所衍生出的社会结构，分别经历了"自治－扁平化－原子化－强干预弱自治"的发展阶段，并描述了乡村公共空间相应呈现出"繁荣发展－异化－全面衰退－离散化"的响应特征。

研究认为：乡村社会结构演变，表层原因是不同乡村社会主体之间的权能博弈和互动，而深层原因是国家顶层规划发展的需要，由建国初期农村支持城市的资源汲取式乡村社会结构，转为新时期农业农村优先发展的反哺式乡村社会结构，而各个时期的乡村公共空间特征与该时期乡村社会结构具有强关联性，不同的乡村社会结构导致不同的公共空间特征，其本质是当乡村社会结构发生变化时，原有的公共空间由于缺乏对应的内在逻辑而衰落，进而呈现出新的特征，而公共空间的更新和特征变化，实质上是新空间与新乡村社会结构的再关联。

2. 构建了西安周边乡村公共空间村民需求模型

将扎根理论引入到对西安周边乡村村民关于公共空间需求的质性分析中，通过对样本村民的深度访谈，以及进行开放式、主轴式和选择式的三级编码分析，提取了5个主范畴和18个初始范畴，构建了村民关于乡村公共空间需求的理论模型，并采用结构方程模型对村民需求理论模型进行验证及影响因素的关联性分析。

研究认为：在西安周边乡村公共空间村民需求的理论模型中，布局选址和功能设施这2个主范畴指向"空间域"基础，分别是公共空间本体构建以及公共空间的功能完善，是乡村公共空间使用的基本条件塑造，而文化精神、产业经济和管理维护这3个主范畴指向"社会域"基础，是指在"空间域"维度的基础上，进行公共空间的文化赋予、产业植入和管理规范，是乡村公共空间品质的内涵塑造。

3. 分析了西安周边乡村公共空间"社会－空间"相互作用机制

运用空间生产理论中的三元辩证法分析了乡村公共空间的生产机制和内在逻辑，对当前乡村公共空间的"空间域"现状进行了"社会域"溯源（空间为果）。另外，综合运用类型学和数理统计方法对乡村公共空间整体形态和构成要素的"空间域"特征进行详细描述，并基于环境心理学分析"空间域"特征产生的"社会域"影响，即"空间域"对"社会域"的反作用机制（空间为因）。

研究认为：乡村公共空间"社会域"和"空间域"存在着复杂的作用关系，并得出当前西安周边乡村公共空间"社会域"和"空间域"存在的具体问题。其中，"社会域"的具体问题是乡村公共空间生产更多是政府自上而下单向驱动的结果，而村民日常生产生活对乡村公共空间的表征空间是"大内化"与"小抵抗"并存的局面，而"空间域"的具体问题是整体形态及其配置存在城市化、指标化、同质化等问题，构成要素也存在地域文化缺失、空间功能单一、空间尺度不合适等问题。

4. 设计了基于"社会－空间"一体的西安周边乡村公共空间优化策略

基于空间正义及公共空间村民需求模型，明确了西安周边乡村公共空间的优化目标和原则，结合乡村公共空间"社会域"和"空间域"存在的具体问题，分别从意识形态深层（认知提升，价值认同）、社会规范中层（多方参与，内力重构）和日常活动表层（科学引导，兼顾产业）三个方面给出了"社会域"优化策略，从宏观层面（整体风貌延续＋空间"微循环"）、中观层面（"点、线、面"系统关联）和微观层面（要素功能的整合与复合）三个方面给出了"空间域"优化策略,最后基于"社会域"与"空间域"优化策略的整体分析,给出基于"社会－空间"一体乡村公共空间优化策略运用的总体原则与一般流程。

实证研究认为:基于"社会－空间"一体乡村公共空间优化策略,结合西安市灞桥区车村公共空间现状,能够给出车村公共空间"社会－空间"一体优化的总体解译思路,以及"社会域"和"空间域"具体的优化策略,并通过在"社会域"优化策略的描述中分析其对"空间域"的影响和约束,在"空间域"优化策略的描述中分析其对"社会域"的影响,得出能够使车村公共空间"社会域"与"空间域"两方面达到正向反馈的良性局面,进一步得出"社会－空间"一体优化策略对乡村公共空间的实践具有指导作用。

附录 I 西安周边样本乡村公共空间"空间域"特征统计

1. 40个样本乡村整体风貌特征调研相关信息表

序号	区域	街道名称	乡村名称	平面形态特征	乡村公共空间总体风貌	核心公共空间个数	公共空间布局情况
1	灞桥区	狄寨街道	西车村	团块状	墙面粉刷	2	比较集中
2	灞桥区	狄寨街道	东车村	团块状	墙面粉刷	1	比较集中
3	灞桥区	狄寨街道	金星村	团块状	墙面粉刷,砖墙,瓷砖贴面	2	比较集中
4	灞桥区	席王街道	西张坡村	组团状	墙面粉刷,砖墙	2	比较均衡
5	灞桥区	席王街道	东张坡村	带状	墙面粉刷,砖墙,瓷砖贴面	2	比较均衡
6	长安区	杨庄街道	杨庄村	团块状	墙面粉刷,砖墙	2	比较集中
7	长安区	王莽街道	清北村	团块状	墙面粉刷,砖墙,瓷砖贴面	2	比较集中
8	长安区	子午街道	抱龙村	团块状	墙面粉刷,砖墙	2	比较均衡
9	长安区	太乙宫街道	白家湾村	团块状	墙面粉刷,砖墙,瓷砖贴面	1	比较集中
10	长安区	引镇街道	南寨东村	团块状	墙面粉刷,水泥抹面	1	比较集中
11	长安区	引镇街道	天王村	团块状	墙面粉刷,水泥抹面	1	比较集中
12	鄠邑区	玉婵镇	胡家庄村	团块状	墙面粉刷,水泥抹面	1	比较集中
13	鄠邑区	蒋村镇	柳泉村	团块状	墙面粉刷,瓷砖贴面	1	比较集中
14	鄠邑区	玉蝉镇	西伦村	团块状	墙面粉刷,水泥抹面,瓷砖贴面	2	比较集中
15	鄠邑区	秦渡镇	裴家寨村	团块状	墙面粉刷,砖墙	1	比较集中
16	鄠邑区	祖庵镇	两庵村	团块状	墙面粉刷,砖墙	1	比较集中
17	鄠邑区	蒋村镇	曹村	团块状	墙面粉刷,砖墙	1	比较集中
18	鄠邑区	玉蝉镇	水北滩村	团块状	墙面粉刷,瓷砖贴面	1	比较集中

序号	区域	街道名称	乡村名称	平面形态特征	乡村公共空间总体风貌	核心公共空间个数	公共空间布局情况
19	周至县	楼观镇	西楼村	团块状	墙面粉刷，瓷砖贴面，砖墙	2	比较集中
20	周至县	楼观镇	延生观村	团块状	墙面粉刷，瓷砖贴面	1	比较集中
21	周至县	竹峪镇	兰梅塬村	团块状	水泥抹面，瓷砖贴面，砖墙	2	比较集中
22	周至县	竹峪镇	西沟村	团块状	墙面粉刷，砖墙	1	比较集中
23	周至县	广济镇	南大坪村	团块状	墙面粉刷，砖墙	1	比较集中
24	周至县	骆峪镇	复兴寨村	组团状	墙面粉刷，瓷砖贴面，砖墙	1	比较集中
25	西咸新区	建章路街道	八兴滩村	团块状	墙面粉刷，瓷砖贴面	2	比较均衡
26	西咸新区	大王街道	凿齿南村	团块状	墙面粉刷，砖墙	1	比较集中
27	西咸新区	大王街道	凿齿北村	团块状	墙面粉刷，砖墙	1	比较集中
28	高陵区	通远镇	杜家村	团块状	墙面粉刷，砖墙，瓷砖贴面	2	比较集中
29	高陵区	通远镇	仁村	团块状	墙面粉刷，砖墙，瓷砖贴面	1	比较集中
30	高陵区	鹿苑街道	上院村	团块状	墙面粉刷，砖墙，瓷砖贴面	1	比较集中
31	高陵区	通远街道	生王村	团块状	墙面粉刷，砖墙，瓷砖贴面，水泥抹面	1	比较集中
32	蓝田县	九间房镇	张家坪村	带状	墙面粉刷，砖墙	1	比较集中
33	蓝田县	孟村镇	贺家村	团块状	墙面粉刷，砖墙，瓷砖贴面	1	比较集中
34	蓝田县	辋川镇	白家坪村	带状	墙面粉刷，砖墙，瓷砖贴面	1	比较集中
35	临潼区	相桥街道	神东村	团块状	墙面粉刷，砖墙	1	比较集中
36	临潼区	仁宗街道	茨林村	带状	墙面粉刷，砖墙	1	比较集中
37	临潼区	新丰街道	坡张村（余下组）	组团状	瓷砖贴面，墙面粉刷，砖墙	1	比较集中
38	临潼区	小金街道	小金村	带状	墙面粉刷，砖墙	1	比较集中
39	阎良区	新兴街道	井家村	团块状	墙面粉刷，砖墙	1	比较集中
40	阎良区	武屯镇	老寨村	团块状	墙面粉刷，砖墙	1	比较集中

2. 40 个样本乡村村入口调研相关信息表

序号	区域	街道名称	乡村名称	空间形态	功能复合情况
1	灞桥区	狄寨街道	西车村	简易牌坊	无
2	灞桥区	狄寨街道	东车村	石头刻字	无
3	灞桥区	狄寨街道	金星村	石头刻字	无
4	灞桥区	席王街道	西张坡村	简易牌坊	无
5	灞桥区	席王街道	东张坡村	简易牌坊	无
6	长安区	杨庄街道	杨庄村	简易矮墙设计	无
7	长安区	王莽街道	清北村	石头刻字	无

序号	区域	街道名称	乡村名称	空间形态	功能复合情况
8	长安区	子午街道	抱龙村	石材精心设计	无
9	长安区	太乙宫街道	白家湾村	石头刻字	有
10	长安区	引镇街道	南寨东村	简易牌坊	无
11	长安区	引镇街道	天王村	简易牌坊	有
12	鄠邑区	玉婵镇	胡家庄村	结合地域文化精心设计	无
13	鄠邑区	蒋村镇	柳泉村	精致牌坊	无
14	鄠邑区	玉蝉镇	西伦村	简易标识牌	无
15	鄠邑区	秦渡镇	裴家寨村	简易牌坊	无
16	鄠邑区	祖庵镇	两庵村	小青砖精心设计	有
17	鄠邑区	蒋村镇	曹村	石头刻字	无
18	鄠邑区	玉蝉镇	水北滩村	简易标识牌	无
19	周至县	楼观镇	西楼村	精致标识牌（筛子造型）	有
20	周至县	楼观镇	延生观村	精致标识牌（白墙黑瓦造型）＋石头刻字	有
21	周至县	竹峪镇	兰梅塬村	石材雕刻（复古）	无
22	周至县	竹峪镇	西沟村	石头刻字	无
23	周至县	广济镇	南大坪村	简易标识牌	无
24	周至县	骆峪镇	复兴寨村	简易标识牌	无
25	西咸新区	建章路街道	八兴滩村	石材精心设计	有
26	西咸新区	大王街道	凿齿南村	石头刻字	无
27	西咸新区	大王街道	凿齿北村	简易牌坊	无
28	高陵区	通远镇	杜家村	简易标识牌	无
29	高陵区	通远镇	仁村	简易标识牌	无
30	高陵区	鹿苑街道	上院村	简易标识牌	无
31	高陵区	通远街道	生王村	简易标识牌	无
32	蓝田县	九间房镇	张家坪村	石材精心设计	有
33	蓝田县	孟村镇	贺家村	简易标识牌	无
34	蓝田县	辋川镇	白家坪村	简易标识牌	无
35	临潼区	相桥街道	神东村	简易牌坊	无
36	临潼区	仁宗街道	茨林村	石头刻字	无
37	临潼区	新丰街道	坡张村（余下组）	简易牌坊	无
38	临潼区	小金街道	小金村	简易牌坊	无
39	阎良区	新兴街道	井家村	简易标识牌	无
40	阎良区	武屯镇	老寨村	小青砖设计	有

3. 40个样本乡村庙宇调研相关信息表

序号	区域	街道名称	乡村名称	有/无	独用/共用	位置	与民居是否明显区分	整修情况	公共服务性基础设施完善程度	其他信仰空间
1	灞桥区	狄寨街道	西车村	有	共用	组团内	否	失修	缺乏	
2	灞桥区	狄寨街道	东车村	有	共用	组团内	否	失修	缺乏	
3	灞桥区	狄寨街道	金星村	有	共用	组团附近	是	失修	缺乏	
4	灞桥区	席王街道	西张坡村	有	独用	组团附近	是	失修	缺乏	
5	灞桥区	席王街道	东张坡村	有	独用	组团内	是	失修	缺乏	
6	长安区	杨庄街道	杨庄村	有	共用	组团附近	是	失修	缺乏	
7	长安区	王莽街道	清北村	有	共用	组团附近	是	失修	缺乏	
8	长安区	子午街道	抱龙村	有	共用	组团边界	否	新建	缺乏	
9	长安区	太乙宫街道	白家湾村	有	独用	组团边界	是	新建	完善	
10	长安区	引镇街道	南寨东村	有	独用	组团内	否	失修	缺乏	
11	长安区	引镇街道	天王村	有	独用	组团边界	是	失修	缺乏	
12	鄠邑区	玉蝉镇	胡家庄村	有	共用	组团附近	是	失修	缺乏	天主教堂
13	鄠邑区	蒋村镇	柳泉村	有	共用	组团附近	是	失修	缺乏	
14	鄠邑区	玉蝉镇	西伦村	有	独用	组团边界	是	新建	缺乏	
15	鄠邑区	秦渡镇	裴家寨村	有	共用	组团附近	是	失修	缺乏	
16	鄠邑区	祖庵镇	两庵村	有	独用	组团边界	是	新建	缺乏	
17	鄠邑区	蒋村镇	曹村	有	独用	组团内	是	新建	缺乏	天主教堂
18	鄠邑区	玉蝉镇	水北滩村	有	共用	组团附近	是	失修	缺乏	
19	周至县	楼观镇	西楼村	有	共用	组团附近	是	一般	缺乏	
20	周至县	楼观镇	延生观村	有	共用	组团附近	是	重修	缺乏	道教
21	周至县	竹峪镇	兰梅塬村	有	独用	组团边界	是	重修	缺乏	王氏宗祠
22	周至县	竹峪镇	西沟村	有	独用	组团边界	是	缺乏	缺乏	
23	周至县	广济镇	南大坪村	有	共用	组团附近	是	失修	中等	
24	周至县	骆峪镇	复兴寨村	有	共用	组团附近	是	重修	完善	
25	西咸新区	建章路街道	八兴滩村	有	独用	组团边界	否	重修	缺乏	
26	西咸新区	大王街道	凿齿南村	有	独用	组团内	否	重修	缺乏	
27	西咸新区	大王街道	凿齿北村	有	共用	组团附近	是	重修	缺乏	
28	高陵区	通远镇	杜家村	有	共用	组团附近	是	失修	缺乏	
29	高陵区	通远镇	仁村	有	独用	组团内	是	失修	缺乏	天主教堂

序号	区域	街道名称	乡村名称	有/无	独用/共用	位置	与民居是否明显区分	整修情况	公共服务性基础设施完善程度	其他信仰空间
30	高陵区	鹿苑街道	上院村	有	共用	组团附近	是	失修	缺乏	
31	高陵区	通远街道	生王村	有	独用	组团边界	否	失修	缺乏	天主教堂
32	蓝田县	九间房镇	张家坪村	有	独用	组团边界	否	失修	缺乏	
33	蓝田县	孟村镇	贺家村	有	独用	组团内	否	失修	缺乏	
34	蓝田县	辋川镇	白家坪村	有	独用	组团边界	否	失修	缺乏	
35	临潼区	相桥街道	神东村	有	共用	组团附近	是	失修	缺乏	
36	临潼区	仁宗街道	茨林村	有	共用	组团附近	是	失修	缺乏	
37	临潼区	新丰街道	坡张村（余下组）	有	共用	组团附近	是	重修（仅刷涂料）	缺乏	
38	临潼区	小金街道	小金村	有	共用	组团附近	是	失修	缺乏	
39	阎良区	新兴街道	井家村	有	共用	组团附近	是	失修	缺乏	
40	阎良区	武屯镇	老寨村	有	共用	组团附近	是	失修	缺乏	

4. 40个样本乡村村民服务中心调研相关信息表

序号	区域	街道名称	乡村名称	有/无	建设情况	功能的复合情况	建筑风格（现代/关中）
1	灞桥区	狄寨街道	西车村	有	新建	行政服务功能，宣传功能，集会功能，休闲娱乐，文化教育等	现代建筑风格
2	灞桥区	狄寨街道	东车村	有	新建	行政服务功能，宣传功能，集会功能，休闲娱乐，文化教育等	现代建筑风格
3	灞桥区	狄寨街道	金星村	有	新建	行政服务功能，宣传功能，集会功能，休闲娱乐，文化教育等	现代建筑风格
4	灞桥区	席王街道	西张坡村	有	新建	行政服务功能，宣传功能，集会功能，休闲娱乐，文化教育等	传统关中建筑风格
5	灞桥区	席王街道	东张坡村	有	新建	行政服务功能，宣传功能，集会功能，休闲娱乐，文化教育等	传统关中建筑风格
6	长安区	杨庄街道	杨庄村	有	新建	行政服务功能，宣传功能，集会功能，休闲娱乐，文化教育等	现代建筑风格
7	长安区	王莽街道	清北村	有	新建	行政服务功能，宣传功能，集会功能，休闲娱乐，文化教育等	现代建筑风格
8	长安区	子午街道	抱龙村	有	新建	行政服务功能，宣传功能，集会功能，休闲娱乐，文化教育等	现代建筑风格
9	长安区	太乙宫街道	白家湾村	有	新建	行政服务功能，宣传功能，集会功能，休闲娱乐，文化教育等	现代建筑风格

序号	区域	街道名称	乡村名称	有/无	建设情况	功能的复合情况	建筑风格（现代／关中）
10	长安区	引镇街道	南寨东村	有	新建	行政服务功能，宣传功能，集会功能，休闲娱乐，文化教育等	现代建筑风格
11	长安区	引镇街道	天王村	有	新建	行政服务功能，宣传功能，集会功能，休闲娱乐，文化教育等	现代建筑风格
12	鄠邑区	玉蝉镇	胡家庄村	有	新建	行政服务功能，宣传功能，集会功能，休闲娱乐，文化教育等	现代建筑风格
13	鄠邑区	蒋村镇	柳泉村	有	新建	行政服务功能，宣传功能，集会功能，休闲娱乐，文化教育等	现代建筑风格
14	鄠邑区	玉蝉镇	西伦村	有	新建	行政服务功能，宣传功能，集会功能，休闲娱乐，文化教育等	现代建筑风格
15	鄠邑区	秦渡镇	裴家寨村	有	新建	行政服务功能，宣传功能，集会功能，休闲娱乐，文化教育等	现代建筑风格
16	鄠邑区	祖庵镇	两庵村	有	新建	行政服务功能，宣传功能，集会功能，休闲娱乐，文化教育等	现代建筑风格
17	鄠邑区	蒋村镇	曹村	有	新建	行政服务功能，宣传功能，集会功能，休闲娱乐，文化教育等	现代建筑风格
18	鄠邑区	玉蝉镇	水北滩村	有	新建	行政服务功能，宣传功能，集会功能，休闲娱乐，文化教育等	现代建筑风格
19	周至县	楼观镇	西楼村	有	改建	行政服务功能，宣传功能，集会功能，休闲娱乐，文化教育等	现代建筑风格
20	周至县	楼观镇	延生观村	有	改建	行政服务功能，宣传功能，集会功能，休闲娱乐，文化教育等	现代建筑风格
21	周至县	竹峪镇	兰梅原村	有	改建	行政服务功能，宣传功能，集会功能，休闲娱乐，文化教育等	现代建筑风格
22	周至县	竹峪镇	西沟村	有	新建	行政服务功能，宣传功能，集会功能，休闲娱乐，文化教育等	现代建筑风格
23	周至县	广济镇	南大坪村	有	新建	行政服务功能，宣传功能，集会功能，休闲娱乐，文化教育等	传统关中建筑风格
24	周至县	骆峪镇	复兴寨村	有	新建	行政服务功能，宣传功能，集会功能，休闲娱乐，文化教育等	现代建筑风格
25	西咸新区	建章路街道	八兴滩村	有	新建	行政服务功能，宣传功能，集会功能，休闲娱乐，文化教育等	现代建筑风格
26	西咸新区	大王街道	凿齿南村	有	新建	行政服务功能，宣传功能，集会功能，休闲娱乐，文化教育等	现代建筑风格
27	西咸新区	大王街道	凿齿北村	有	新建	行政服务功能，宣传功能，集会功能，休闲娱乐，文化教育等	现代建筑风格
28	高陵区	通远镇	杜家村	有	新建	行政服务功能，宣传功能，集会功能，休闲娱乐，文化教育等	现代建筑风格

序号	区域	街道名称	乡村名称	有/无	建设情况	功能的复合情况	建筑风格（现代/关中）
29	高陵区	通远镇	仁村	有	新建	行政服务功能，宣传功能，集会功能，休闲娱乐，文化教育等	现代建筑风格
30	高陵区	鹿苑街道	上院村	有	新建	行政服务功能，宣传功能，集会功能，休闲娱乐，文化教育等	现代建筑风格
31	高陵区	通远街道	生王村	有	新建	行政服务功能，宣传功能，集会功能，休闲娱乐，文化教育等	现代建筑风格
32	蓝田县	九间房镇	张家坪村	有	新建	行政服务功能，宣传功能，集会功能，休闲娱乐，文化教育等	现代建筑风格
33	蓝田县	孟村镇	贺家村	有	新建	行政服务功能，宣传功能，集会功能，休闲娱乐，文化教育等	现代建筑风格
34	蓝田县	辋川镇	白家坪村	有	新建	行政服务功能，宣传功能，集会功能，休闲娱乐，文化教育等	现代建筑风格
35	临潼区	相桥街道	神东村	有	新建	行政服务功能，宣传功能，集会功能，休闲娱乐，文化教育等	现代建筑风格
36	临潼区	仁宗街道	茨林村	有	新建	行政服务功能，宣传功能，集会功能，休闲娱乐，文化教育等	现代建筑风格
37	临潼区	新丰街道	坡张村（余下组）	有	新建	行政服务功能，宣传功能，集会功能，休闲娱乐，文化教育等	现代建筑风格
38	临潼区	小金街道	小金村	有	新建	行政服务功能，宣传功能，集会功能，休闲娱乐，文化教育等	现代建筑风格
39	阎良区	新兴街道	井家村	有	新建	行政服务功能，宣传功能，集会功能，休闲娱乐，文化教育等	现代建筑风格
40	阎良区	武屯镇	老寨村	有	新建	行政服务功能，宣传功能，集会功能，休闲娱乐，文化教育等	现代建筑风格

5. 40个样本乡村古树古井调研相关信息表

序号	区域	街道名称	乡村名称	有/无（古树）	功能复合情况（古树）	有/无（古井）	功能复合情况（古井）
1	灞桥区	狄寨街道	西车村	有	无	无	无
2	灞桥区	狄寨街道	东车村	有	无	无	无
3	灞桥区	狄寨街道	金星村	有	有	无	无
4	灞桥区	席王街道	西张坡村	有	有	无	无
5	灞桥区	席王街道	东张坡村	有	有	无	无
6	长安区	杨庄街道	杨庄村	无	无	无	无
7	长安区	王莽街道	清北村	有	有	有	有

序号	区域	街道名称	乡村名称	有／无（古树）	功能复合情况（古树）	有／无（古井）	功能复合情况（古井）
8	长安区	子午街道	抱龙村	有	有	无	无
9	长安区	太乙宫街道	白家湾村	有	有	有	有
10	长安区	引镇街道	南寨东村	有	无	无	无
11	长安区	引镇街道	天王村	无	无	无	无
12	鄠邑区	玉蝉镇	胡家庄村	有	无	无	无
13	鄠邑区	蒋村镇	柳泉村	有	无	无	无
14	鄠邑区	玉蝉镇	西伦村	有	有	无	无
15	鄠邑区	秦渡镇	裴家寨村	无	无	无	无
16	鄠邑区	祖庵镇	两庵村	有	有	有	有
17	鄠邑区	蒋村镇	曹村	无	无	无	无
18	鄠邑区	玉蝉镇	水北滩村	有	无	无	无
19	周至县	楼观镇	西楼村	有	有	无	无
20	周至县	楼观镇	延生观村	无	无	无	无
21	周至县	竹峪镇	兰梅塬村	有	无	无	无
22	周至县	竹峪镇	西沟村	有	无	无	无
23	周至县	广济镇	南大坪村	有	有	无	无
24	周至县	骆峪镇	复兴寨村	有	有	无	无
25	西咸新区	建章路街道	八兴滩村	无	无	无	无
26	西咸新区	大王街道	凿齿南村	有	有	无	无
27	西咸新区	大王街道	凿齿北村	有	无	无	无
28	高陵区	通远镇	杜家村	无	无	无	无
29	高陵区	通远镇	仁村	无	无	无	无
30	高陵区	鹿苑街道	上院村	无	无	无	无
31	高陵区	通远街道	生王村	有	无	无	无
32	蓝田县	九间房镇	张家坪村	有	无	无	无
33	蓝田县	孟村镇	贺家村	有	有	无	无
34	蓝田县	辋川镇	白家坪村	有	无	有	无
35	临潼区	相桥街道	神东村	无	无	无	无
36	临潼区	仁宗街道	茨林村	有	无	无	无
37	临潼区	新丰街道	坡张村（余下组）	无	无	无	无
38	临潼区	小金街道	小金村	有	有	无	无
39	阎良区	新兴街道	井家村	无	无	无	无
40	阎良区	武屯镇	老寨村	无	无	无	无

6. 40个样本乡村街巷空间调研相关信息表

序号	区域	街道名称	乡村名称	街巷层次性（有/无）	过境公路宽度（m）	（有结构）典型主路宽度(m)	（有结构）典型巷道宽度(m)	（无结构）典型巷道宽度(m)	典型街巷的长度（m）	典型街巷纵深变化（直线、折线、曲线）	连接形式（丁、L、十）
1	灞桥区	狄寨街道	西车村	有		8	5		393.81	直线	十字为主
2	灞桥区	狄寨街道	东车村	有		8	5		341.18	直线	十字为主
3	灞桥区	狄寨街道	金星村	有		8	6		386.24	直线	十字为主
4	灞桥区	席王街道	西张坡村	有		9	5		181.14	曲线	丁字为主
5	灞桥区	席王街道	东张坡村	有		8	5		271.88	曲线	丁字为主
6	长安区	杨庄街道	杨庄村	有	12	7	5		726.68	折线	十字为主
7	长安区	王莽街道	清北村	有		8	3		529.88	折线	十字为主
8	长安区	子午街道	抱龙村	有		12	8		458.69	折线	十字为主
9	长安区	太乙宫街道	白家湾村	有		9	4		378.32	直线	十字为主
10	长安区	引镇街道	南寨东村	无				5	356.24	曲线	十字为主
11	长安区	引镇街道	天王村	有	8	5	3		190.99	直线	十字为主
12	鄠邑区	玉婵镇	胡家庄村	无	14			7	320.07	直线	十字为主
13	鄠邑区	蒋村镇	柳泉村	有		9	5		200.28	直线	十字为主
14	鄠邑区	玉蟬镇	西伦村	无				4.5	355.25	直线	十字为主
15	鄠邑区	秦渡镇	裴家寨村	有		6	5		220.95	直线	十字为主
16	鄠邑区	祖庵镇	两庵村	无				6	321.26	直线	十字为主
17	鄠邑区	蒋村镇	曹村	无				5	523.42	直线	十字为主
18	鄠邑区	玉蟬镇	水北滩村	无	15			5	341.28	直线	十字为主
19	周至县	楼观镇	西楼村	有		7	4		516.57	直线	十字为主
20	周至县	楼观镇	延生观村	有		6	3		578.59	直线	十字为主

乡村公共空间优化——基于『社会－空间』一体的西安周边乡村研究

序号	区域	街道名称	乡村名称	街巷层次性(有/无)	过境公路宽度(m)	(有结构)典型主路宽度(m)	(有结构)典型巷道宽度(m)	(无结构)典型巷道宽度(m)	典型街巷的长度(m)	典型街巷纵深变化(直线、折线、曲线)	连接形式(丁、L、十)
21	周至县	竹峪镇	兰梅塬村	有		6	3		594.58	直线	十字为主
22	周至县	竹峪镇	西沟村	无				7	132.01	直线	丁字为主
23	周至县	广济镇	南大坪村	有		8	5		1214.22	直线	十字为主
24	周至县	骆峪镇	复兴寨村	无				6	183.76	直线	十字为主
25	西咸新区	建章路街道	八兴滩村	有		14	7		347.35	直线	十字为主
26	西咸新区	大王街道	凿齿南村	无				8	223.99	直线	十字为主
27	西咸新区	大王街道	凿齿北村	无				8	513.82	直线	十字为主
28	高陵区	通远镇	杜家村	有		7	3		383.29	直线	十字为主
29	高陵区	通远镇	仁村	有		6	3		654.44	直线	十字为主
30	高陵区	鹿苑街道	上院村	有		6	3		586.39	直线	十字为主
31	高陵区	通远街道	生王村	有		6	3		792.7	直线	十字为主
32	蓝田县	九间房镇	张家坪村	有		8	5		612.42	曲线	L字为主
33	蓝田县	孟村镇	贺家村	有		6	4		709.47	折线	十字为主
34	蓝田县	辋川镇	白家坪村	有		10	5		525.63	曲线	L字为主
35	临潼区	相桥街道	神东村	无				7	518.19	直线	十字为主
36	临潼区	仁宗街道	茨林村	无				5.5	443.89	直线	丁字为主
37	临潼区	新丰街道	坡张村(余下组)	有		9	5		193.57	直线	十字为主
38	临潼区	小金街道	小金村	有	15	5	3		272.99	直线	十字为主
39	阎良区	新兴街道	井家村	有	5	5	3		416.9	直线	十字为主
40	阎良区	武屯镇	老寨村	无	10			7	1081.25	直线	十字为主

7. 40个样本乡村广场调研相关信息表

序号	区域	街道名称	乡村名称	组团面积（m²）	位置	广场面积（m²）	广场周长（m）	长轴（m）	短轴（m）	围合情况	建筑高度（m）及位置	广场材质
1	灞桥区	狄寨街道	西车村	233038.07	东北区域	1930.44	256.44	68.1	29.16	明显围合	6（短轴侧）	水泥
2	灞桥区	狄寨街道	东车村	171498.39	东南区域	790.29	145.4	40.21	28.08	围合偏弱	3（短轴侧）	水泥
3	灞桥区	狄寨街道	金星村	159834.28	西北区域	666.11	106.07	31.12	19.16	明显围合	6（短轴侧）	透水砖+小青砖+石磨
4	灞桥区	席王街道	西张坡村	64055.28	入口	3397.57	278.33	91.7	38.23	围合偏弱	6（短轴侧）	透水砖
5	灞桥区	席王街道	东张坡村	47560.65	北部边缘	1046.96	157.75	26.61	16.42	无围合	6（长轴侧）	水泥
6	长安区	杨庄街道	杨庄村	303474.16	中心	2164.51	230.76	87.67	25.22	无围合	6（短轴侧）	水泥
7	长安区	王莽街道	清北村	165594.24	中心	11291.69	442.23	125.9	115.02	明显围合	6（短轴侧）	水泥
8	长安区	子午街道	抱龙村	107986.28	中心	434.07	84.53	31.5	25.49	明显围合	9（短轴侧）	水泥
9	长安区	太乙宫街道	白家湾村	174829.58	入口	2019.5	306.97	48.85	46.41	围合偏弱	9（长轴侧）	透水砖
10	长安区	引镇街道	南豪东村	341600.01	中心	2138.39	229.92	64.18	40.39	围合偏弱	9（短轴侧）	水泥
11	长安区	引镇街道	天王村	76118.18	入口	2007.06	189.6	60.25	30.12	明显围合	6（短轴侧）	水泥
12	鄠邑区	玉蝉镇	胡家庄村	3353.32	入口	2852.3	305.46	81.64	45.3	明显围合	6（短轴侧）	彩色沥青
13	鄠邑区	蒋村镇	柳泉村	98835.51	入口	835.91	117.92	34.84	23.04	围合偏弱	9（短轴侧）	水泥
14	鄠邑区	玉蝉镇	西伦村	330752.53	入口	1475.03	185.44	56.21	22.16	明显围合	9（长轴侧）	透水砖
15	鄠邑区	秦渡镇	裴家寨村	82514.03	西部边缘	1637.98	206.07	53.36	43.71	围合偏弱	9（短轴侧）	水泥
16	鄠邑区	祖庵镇	两庵村	176446.64	东部边缘	1818.2	177.04	54.4	34.39	明显围合	6（短轴侧）	水泥
17	鄠邑区	蒋村镇	曹村	180341.27	入口	1957.39	191.66	49.55	39.21	无围合	6（短轴侧）	水泥
18	鄠邑区	玉蝉镇	水北滩村	69393.58	入口	1532.91	193.53	56.55	34.94	明显围合	6（短轴侧）	水泥
19	周至县	楼观镇	西楼村	133920.3	入口	3051.81	221.06	55.13	54.09	围合偏弱	3（长轴侧）	水泥
20	周至县	楼观镇	延生观村	145719.28	中心	1799.37	195.2	66.93	29.84	围合偏弱	6（短轴侧）	水泥

乡村公共空间优化——基于『社会－空间』一体的西安周边乡村研究

续表

序号	区域	街道名称	乡村名称	组团面积（m²）	位置	广场面积（m²）	广场周长（m）	长轴（m）	短轴（m）	围合情况	建筑高度（m）及位置	广场材质
21	周至县	竹峪镇	兰梅塬村	238970.79	中心	728.64	111.53	37.01	19.04	围合偏弱	9（短轴侧）	水泥
22	周至县	竹峪镇	西沟村	81331.42	入口	474.9	115.14	40.41	14.84	围合偏弱	6（短轴侧）	水泥
23	周至县	广济镇	南大坪村	468528.29	中心	1206.87	138.99	34.67	33.02	明显围合	6（短轴侧）	透水砖
24	周至县	骆峪镇	复兴寨村	84053.71	入口	755.56	124.31	39.71	22.54	围合偏弱	6（短轴侧）	水泥
25	西咸新区	建章路街道	八兴滩村	159759.88	入口	1970.08	185.7	60.14	30.97	明显围合	9（短轴侧）	水泥
26	西咸新区	大王街道	潜峪南村	193565.78	中心	2056.9	196.71	76.26	32.55	明显围合	6（短轴侧）	透水砖＋花岗岩
27	西咸新区	大王街道	潜峪北村	469405.89	中心	1533.18	174.26	63.34	23.45	围合偏弱	6（短轴侧）	水泥
28	高陵区	通远镇	杜家村	49453.18	入口	1676.46	198.36	41.72	35.31	围合偏弱	6（短轴侧）	水泥
29	高陵区	通远镇	仁村	426719.99	入口	1529.42	161.74	51.18	34.4	明显围合	6（短轴侧）	水泥
30	高陵区	鹿苑街道	上院村	182193.98	入口	2918.06	216.26	59.59	51.81	无围合	9（短轴侧）	水泥
31	高陵区	通远街道	生王村	163009.18	入口	955.1	126.26	38.54	25.5	无围合	3（短轴侧）	水泥
32	蓝田县	九间房镇	张家坪村	51460.76	北部边缘	1092.39	136.64	37.78	35.65	围合偏弱	6（短轴侧）	水泥
33	蓝田县	孟村镇	贺家村	198702.14	中心	1182.06	138.26	44.36	31.32	围合偏弱	6（短轴侧）	水泥
34	蓝田县	辋川镇	白家坪村	71589.23	西部边缘	798.62	116.04	32.96	21.4	围合偏弱	6（短轴侧）	水泥
35	临潼区	相桥街道	神东村	228293.35	入口	3331.32	232.18	60.98	50.84	围合偏弱	6（长轴侧）	水泥
36	临潼区	仁宗街道	茨林村	25658.41	入口	511.14	98.66	34.48	15.98	围合偏弱	3（短轴侧）	水泥
37	临潼区	新丰街道	坡张村（余下组）	41659.22	入口	1786.93	201.15	56.64	45.74	围合偏弱	3（短轴侧）	透水砖
38	临潼区	小金街道	小金村	158968.8	入口	941.5	127.96	41.73	23.47	明显围合	9（短轴侧）	透水砖
39	阎良区	新兴街道	井家村	117858.54	入口	2575.08	226.64	52.62	48.24	无围合	6（长轴侧）	水泥
40	阎良区	武屯镇	老寨村	220008.67	南部边缘	10250.56	422.23	132.61	74.7	围合偏弱	6（短轴侧）	水泥

附录 Ⅱ 西安周边样本乡村主要公共空间图示

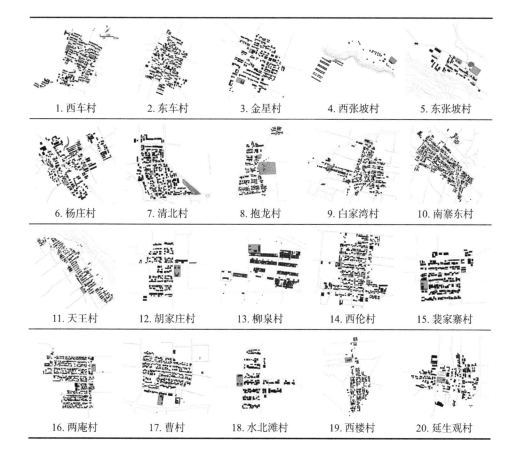

1. 西车村	2. 东车村	3. 金星村	4. 西张坡村	5. 东张坡村
6. 杨庄村	7. 清北村	8. 抱龙村	9. 白家湾村	10. 南寨东村
11. 天王村	12. 胡家庄村	13. 柳泉村	14. 西伦村	15. 裴家寨村
16. 两庵村	17. 曹村	18. 水北滩村	19. 西楼村	20. 延生观村

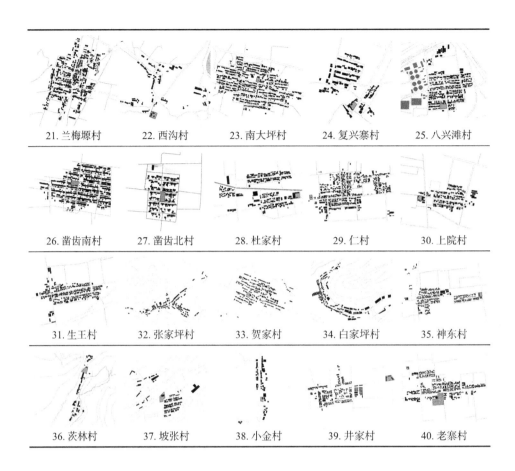

21. 兰梅塬村　22. 西沟村　23. 南大坪村　24. 复兴寨村　25. 八兴滩村

26. 凿齿南村　27. 凿齿北村　28. 杜家村　29. 仁村　30. 上院村

31. 生王村　32. 张家坪村　33. 贺家村　34. 白家坪村　35. 神东村

36. 茨林村　37. 坡张村　38. 小金村　39. 井家村　40. 老寨村

参 考 文 献

［1］Knox. Urban social geography an introduction [M]. Prentice Hall (fourth edit), 2000: 8-9.

［2］曲延春，王成利. 政策演进与乡村治理四十年：1978—2018：以中央一号文件为基础的考察 [J]. 学习与探索, 2018, 280（11）: 66-74.

［3］罗其友，伦闰琪，杨亚东，等. 我国乡村振兴若干问题思考 [J]. 中国农业资源与区划, 2019（2）: 1-7.

［4］陆益龙. 后乡土中国的基本问题及其出路 [J]. 社会科学研究, 2015（1）: 116-123.

［5］赵毅，张飞，李瑞勤. 快速城镇化地区乡村振兴路径探析：以江苏苏南地区为例 [J]. 城市规划学刊, 2018（2）: 98-105.

［6］徐斌，洪泉，唐慧超，等. 空间重构视角下的杭州市绕城村乡村振兴实践 [J]. 中国园林, 2018, 34（5）: 11-18.

［7］李景奇. 中国乡村复兴与乡村景观保护途径研究 [J]. 中国园林, 2016, 32（9）: 16-19.

［8］林琳，边振兴，王淑敏. 大中城市周边乡村景观格局分析：以沈阳市为例 [J]. 中国农业资源与区划, 2020, 41（5）: 223-230.

［9］冯新刚，王璐，李霞. 大城市周边县域乡村建设规划编制和实施探索：以安徽省来安县域乡村建设规划为例 [J]. 小城镇建设, 2020, 38（11）: 86-91.

［10］董磊明. 村庄公共空间的萎缩与拓展 [J]. 江苏行政学院学报, 2010, 53（5）: 51-57.

［11］李嘉妍，阎瑾，王京. 我国乡村社区公共空间研究现状与思考 [J]. 城市规划, 2019, 43（11）: 128-134.

［12］袁洋子. 西安城郊乡村公共空间解构与优化策略研究：基于空间生产理论视角 [D]. 西安：西北大学, 2019.

［13］王韬. 村民主体认知视角下乡村聚落营建的策略与方法研究 [D]. 杭州：浙江大学, 2014.

［14］龚健. 西安周边地区乡村生态化模式及规划策略研究 [D]. 西安：长安大学, 2018.

［15］尤尔根·哈贝马斯. 公共领域的结构转型 [M]. 曹卫东等，译. 上海：学林出版社,

1999：1-4.

［16］曹海林. 村落公共空间：透视乡村社会秩序生成与重构的一个分析视角［J］. 天府新论，2005（4）：88-92.

［17］王玲. 乡村社会的秩序建构与国家整合：以公共空间为视角［J］. 理论与改革，2010（5）：29-32.

［18］朱海龙. 哈贝马斯的公共领域与中国农村公共空间［J］. 科技创业月刊，2005（5）：133-135.

［19］颜德如，张玉强. "接点治理"：乡村振兴中的公共空间再造：基于上海市Y村的空间治理实践［J］. 理论探讨，2020（5）：160-167.

［20］张诚，刘祖云. 失落与再造：后乡土社会乡村公共空间的构建［J］. 学习与实践，2018（4）：108-115.

［21］冯健，赵楠. 空心村背景下乡村公共空间发展特征与重构策略：以邓州市桑庄镇为例［J］. 人文地理，2016，31（6）：19-28.

［22］李增元，周平平. 乡村社区公共空间变迁及社区治理变革［J］. 学习与实践，2016（12）：102-110.

［23］戴林琳，徐洪涛. 京郊历史文化村落公共空间的形成动因、体系构成及发展变迁［J］. 北京规划建设，2010（3）：74-78.

［24］麻欣瑶，丁绍刚. 徽州古村落公共空间的景观特质对现代新农村集聚区公共空间建设的启示［J］. 小城镇建设，2009（4）：59-65.

［25］王东，王勇，李广斌. 功能与形式视角下的乡村公共空间演变及其特征研究［J］. 国际城市规划，2013，28（2）：57-63.

［26］陈铭，陆俊才. 村庄空间的复合型特征与适应性重构方法探讨［J］. 规划师，2010（11）：44-48.

［27］袁青，王翼飞，于婷婷. 公共健康导向的乡村空间基因提取与优化研究：以严寒地区乡村为例［J］. 城市规划，2020，44（10）：51-62.

［28］张萌婷，王勇，李广斌. 后生产主义背景下旅游型乡村公共空间转换机制研究［J］. 农业经济，2020（5）：48-50.

［29］陈金泉，谢衍忆，蒋小刚. 乡村公共空间的社会学意义及规划设计［J］. 江西理工大学学报，2007（2）：74-77.

［30］吕红医，李立敏，吕昀. 场所的丧失与重构：下伏头村公共空间形态分析［J］. 新建筑，2004（6）：10-12.

［31］张园林，刘玉亭，权东计. 关中地区乡村公共空间的演变特征及其机制研究［J］. 地域研究与开发，2018（4）：150-155.

［32］李小云，孙丽. 公共空间对农民社会资本的影响：以江西省黄溪村为例［J］. 中国农业大学学报（社会科学版），2007，24（1）：82-97.

［33］刘兴，吴晓丹. 公共空间的层次与变迁：村落公共空间形态分析［J］. 华中建筑，2008（8）：141-144.

［34］卢健松，姜敏，苏妍，等. 当代村落的隐性公共空间：基于湖南的案例［J］. 建筑学报，2016（8）：59-65.

［35］郑霞，金晓玲，胡希军. 论传统村落公共交往空间及传承［J］. 经济地理，2009，29（5）：823-826.

［36］《社会学概论》编写组. 社会学概论［M］. 北京：人民出版社，2011：104-295.

［37］曹海林. 乡村社会变迁中的村落公共空间：以苏北窑村为例考察村庄秩序重构的一项经验研究［J］. 中国农村观察，2005（6）：61-73.

［38］曹海林. 村落公共空间演变及其对村庄秩序重构的意义：兼论社会变迁中村庄秩序的生成逻辑［J］. 天津社会科学，2005（6）：61-65.

［39］熊芳芳，赵平喜. 公共空间人际传播对我国农村社会结构的影响分析［J］. 新闻界，2009（3）：58-59.

［40］熊芳芳. 我国农村公共空间人际传播的特征分析［J］. 新闻界，2008（6）：20-22.

［41］郭明. 虚拟型公共空间与乡村共同体再造［J］. 华南农业大学学报（社会科学版），2019，18（6）：130-138.

［42］韩国明，王鹤. 农民合作行为：乡村公共空间的三种维度：以西北地区农民合作社生成的微观考察为例［J］. 中国农村观察，2012（5）：70-79.

［43］王春娟. 农民社会资本的缺失与重构［J］. 中州学刊，2015（4）：83-86.

［44］王春光，孙兆霞，罗布龙，等. 村民自治的社会基础与文化网络：对贵州省安顺市J村农村公共空间的社会学研究［J］. 浙江学刊，2004（1）：137-146.

［45］徐琴. "微交往"与"微自治"：现代乡村社会治理的空间延展及其效应［J］. 华中农业大学学报（社会科学版），2020（3）：129-175.

［46］何兰萍. 从公共空间看农村社会控制的弱化［J］. 理论与现代化，2008（2）：100-104.

［47］韦浥春. 广西少数民族传统村落公共空间形态研究［D］. 广州：华南理工大学，2017.

［48］林翔，陈志宏，王剑平. 闽南沿海地区传统村落公共空间类型研究：丙洲案例［J］. 华中建筑，2010（12）：166-170.

［49］吴子翰，李郇. 传统广府村落公共空间形态研究：以广州市番禺区为例［J］. 南方建筑，2013（4）：64-67.

［50］赵昕禾. 陕西周至山地型村落公共空间更新设计研究：以农林村、丹阳村为例［D］. 西安：西安建筑科技大学，2019.

［51］王东. 苏南乡村公共空间功能转型与形态重构研究［D］. 苏州：苏州科技大学，2013.

［52］王春程，孔燕，李广斌. 乡村公共空间演变特征及驱动机制研究［J］. 现代城市研究，2014（4）：5-9.

［53］顾大治，虞茜茜，刘清源. 自发与构建：乡村公共空间演变特征及机制研究［J］. 小城镇建设，2019，37（7）：53-59.

［54］李立. 乡村聚落：形态、类型与演变：以江南地区为例［M］. 南京：东南大学出版社，2007：22-28.

［55］赵之枫，曹莉苹. 农村社区公共空间规划研究［J］. 小城镇建设，2012（8）：61-65.

［56］张健. 传统村落公共空间的更新与重构：以番禺大岭村为例［J］. 华中建筑，2012（7）：144-148.

［57］王葆华，王洋. 太原赤桥村传统村落公共空间重构的策略研究［J］. 城市发展研究，2020，27（5）：9-12.

［58］薛颖，权东计，张园林，等. 农村社区重构过程中公共空间保护与文化传承研究：以关中地区为例［J］. 城市发展研究，2014，21（5）：117-124.

［59］段德罡，杨茹. 三益村公共空间修复中的乡村传统文化重拾路径研究［J］. 西部人居环境学刊，2018，33（1）：7-12.

［60］张婷麟. 旅游开发与徽州古村落公共空间的互动影响研究［J］. 安徽行政学院学报，2011（3）：63-67.

［61］李竹，刘晶晶，王嘉峻. 乡村振兴下的村落公共空间重塑：以李巷老建筑改造为例

［J］. 建筑学报，2018（12）：10-19.

［62］周游，郑赟. 文化创意产业对村落祠堂公共空间的影响研究：以广州小洲村为例［J］. 华中建筑，2013（12）：177-182.

［63］倪书雯，贺勇，孙姣姣. 基于空间句法的郭吴村公共空间保护与更新研究［J］. 华中建筑，2015（10）：19-22.

［64］陈小燕，李卫国. 新农村建设中公共空间设计的"望、闻、问、切"：以广州市番禺区洛浦街沙溪村为例［J］. 规划师，2009，25（S1）：56-58.

［65］王勇，李广斌. 裂变与再生：苏南乡村公共空间转型研究［J］. 城市发展研究，2014，21（7）：112-118.

［66］刘启波，刘培芳，刘启泓. 生态化理念下社会主义新农村住区公共空间设计模式优化的研究［J］. 四川建筑科学研究，2011（5）：290-294.

［67］严嘉伟. 基于乡土记忆的乡村公共空间营建策略研究与实践［D］. 杭州：浙江大学，2015.

［68］冯悦，王凯平，张云路，等. 乡村公共空间与场所依恋研究综述：概念、逻辑与关联［J］. 中国园林，2021，37（2）：31-36.

［69］王丽洁，聂蕊，王舒扬. 基于地域性的乡村景观保护与发展策略研究［J］. 中国园林，2016，32（10）：65-67.

［70］傅英斌. 聚水而乐：基于生态示范的乡村公共空间修复［J］. 建筑学报，2016（8）：101-103.

［71］安旭，陶联侦，白聪霞. 新农村公共空间景观规划方法探析［J］. 浙江师范大学学报（自然科学版），2013，36（2）：228-234.

［72］卢素英，赵则海. 基于"缝·补"策略的岭南乡村生活空间景观营造实践：以广东省云浮市斗带村为例［J］. 小城镇建设，2019，37（8）：94-101.

［73］孙炜玮. 基于浙江地区的乡村景观营建的整体方法研究［D］. 杭州：浙江大学，2014.

［74］王鑫，段冯夷，杨定海. 基于空间句法下的海南石矍村公共空间景观格局研究［J］. 海南大学学报自然科学版，2018，36（4）：384-393.

［75］马源，边宇. 城乡一体格局下乡村开敞空间的特点及利用研究［J］. 中国园林，2017，33（7）：89-92.

［76］姚艳玲. 艺术介入乡村公共空间的经济表现：以甘肃石节子村美术馆为例［J］. 吉首大学学报（社会科学版），2019，40（6）：107-109.

［77］陈汉，刘泠杉. 动态雕塑进入乡村公共空间之可行性研究［J］. 中国美术学院学报，2018，39（9）：106-111.

［78］邱正伦，周彦华. 论乡村公共艺术公共性的缺失［J］. 美术观察，2015（9）：113-115.

［79］陆燕燕. 基于地域文化的南京旅游乡村景观小品的设计方法探析：以杨柳村为例［J］. 美术大观，2019（1）：138-139.

［80］杨锐. 风景园林学科建设中的9个关键问题［J］. 中国园林，2017，33（1）：13-16.

［81］李裕瑞，卜长利，曹智，等. 面向乡村振兴战略的村庄分类方法与实证研究［J］. 自然资源学报，2020，35（2）：243-256.

［82］Lefebvre H. Survival of capitalism—reproduction of the relations of Production [M]. New York: St. Martin's Press, 1976.

［83］Mandel E. Marxist economic theory [M]. New York: Pathfinder Press (Second edition), 1973.

［84］Harvey D. Social justice and the city [M]. Baltimore: Johns Hopkins University Press, 1973:

22-94.

［85］杨上广. 大城市社会极化的空间响应研究：以上海为例［D］. 上海：华东师范大学，2005.

［86］李静. 大城市低收入人口空间分布及其聚居形态研究：以大连市为例［D］. 大连：辽宁师范大学，2009.

［87］Soja A. The socio-spatial dialectic［J］. Annals of Association of American Geographers, 1985, 70 (2): 207-224.

［88］吴启焰，任东明，杨荫凯，等. 城市居住空间分异的理论基础与研究层次［J］. 人文地理，2000, 15（3）：1-5.

［89］吴启焰. 大城市居住空间分异研究的理论与实践［M］. 北京：科学出版社，2001：19-25.

［90］窦小华. 武汉市居民居住空间结构研究［D］. 武汉：华中师范大学，2011.

［91］汤新. 基于自然环境和社会因子的城市居住空间分异：以大连为例［D］. 大连：辽宁师范大学，2007.

［92］丁蕾. 济南市居住空间分异研究［D］. 济南：山东师范大学，2009.

［93］肖华斌，盛硕，安淇，等. 供给-需求匹配视角下城市绿色基础设施空间分异识别及优化策略研究：以济南西部新城为例［J］. 中国园林，2019, 35（11）：65-69.

［94］黄良伟，李广斌，王勇. "时空修复"理论视角下苏南乡村空间分异机制［J］. 城市发展研究，2015, 22（3）：108-112, 118.

［95］吴丽萍，王勇，李广斌. 电商集群导向下的乡村空间分异特征及机制［J］. 规划师，2017, 33（7）：119-125.

［96］余汝艺，梁留科，苏小燕，等. 村域尺度旅游效率空间分异及形成机理：以洛阳市375个旅游村为例［J］. 自然资源学报，2021, 36（4）：893-905.

［97］张杰，麻学锋. 湖南省乡村旅游地空间分异及影响因素：以五星级乡村旅游区为例［J］. 自然资源学报，2021, 36（4）：879-892.

［98］沈昊. 基于社会-空间关系视角下的休闲体验型乡村营建研究［D］. 杭州：浙江大学，2019.

［99］Lefebvre H. The production of space［M］. Oxford UK &Cambridge USA: Blackwell, 1991: 13-40.

［100］殷洁，罗小龙. 资本、权力与空间："空间的生产"解析［J］. 人文地理，2012, 27（2）：12-16, 11.

［101］彭恺. 空间的生产理论下的转型期中国新城问题研究［D］. 武汉：华中科技大学，2013.

［102］夏铸九. 重读《空间的生产》：话语空间重构与南京学派的空间想象［J］. 国际城市规划，2021, 36（3）：33-41.

［103］张子凯. 列斐伏尔《空间的生产》述评［J］. 江苏大学学报（社会科学版），2007, 9（5）：10-14.

［104］王伟强. 和谐城市的塑造：关于城市空间形态演变的政治经济学实证分析［M］. 北京：中国建筑工业出版社，2005：35-57.

［105］Lefebvre H. Everyday life in the modern world［M］. New York: The Continuum International Publishing Group, 2000: 143-194.

［106］杨舢. "总体性"与"开放性"的延续：再读《空间的生产》导读［J］. 国际城市规划，2021, 36（3）：1-4, 22.

［107］克里斯蒂安·施密特，杨舢. 迈向三维辩证法：列斐伏尔的空间生产理论［J］. 国

际城市规划，2021，36（3）：5-13.

［108］刘怀玉，鲁宝. 简论"空间的生产"之内在辩证关系及其三重意义［J］. 国际城市规划，2021，36（3）：14-22.

［109］杨舢，陈弘正."空间生产"话语在英美与中国的传播历程及其在中国城市规划与地理学领域的误读［J］. 国际城市规划，2021，36（3）：23-32，41.

［110］夏铸九. 重读空间的生产：话语空间重构和南京学派的空间想象［J］. 国际城市规划，2021，36（3）：33-41.

［111］卢卡茨·斯坦尼克，杨舢. 建筑项目与再现的作用：以波兰新胡塔城为例［J］. 国际城市规划，2021，36（3）：42-49，82.

［112］张衔春，唐承辉，许顺才，等. 中国城市群空间规划的历史演化与空间逻辑：基于新国家空间视角［J］. 城市规划，2021，45（5）：21-29.

［113］丁成呈，张敏，姜莘，等. 重构与扩张：转型期开发区空间生产研究［J］. 城市规划，2019，43（7）：67-74，82.

［114］赵万民，郭辉. 空间生产导向下的城市设计问题与出路［J］. 中国园林，2012，28（2）：66-68.

［115］赵亮，陈蔚镇. 景观空间生产研究：逻辑、机制与实践［J］. 中国园林，2017（3）：39-44.

［116］何盼，陈蔚镇，程强，等. 国内外城市绿地空间正义研究进展［J］. 中国园林，2019，35（5）：28-33.

［117］周详，成玉宁. 基于场景理论的历史性城市景观消费空间感知研究［J］. 中国园林，2021，37（3）：56-61.

［118］连泽峰，张甜甜. 空间三元辩证法下景观空间生产的解构［J］. 现代城市研究，2018（12）：89-95，118.

［119］Glaser B，Strauss A. The discovery of grounded theory: Strategies for qualityat-ive research [M]. Chicago: Aldine de Gruyter, 1967: 1-21.

［120］Corbin J, Strauss A. Basics of qualitative research: techniques and procedures for developing grounded theory [M]. California: Sage Publications, Inc, 1988: 21-34.

［121］Charmaz K. Constructing grounded theory: a practical guide through quali-tative analysis [M]. London: California: Sage Publications, Inc, 2006: 1-13.

［122］吴刚. 工作场所中基于项目行动学习的理论模型研究：扎根理论的应用［D］. 上海：华东师范大学，2013.

［123］吴肃然，李名荟. 扎根理论的历史与逻辑［J］. 社会学研究，2020（2）：75-98，243.

［124］梅兰，康健，黄锰. 基于扎根理论的东北村镇住宅院落声环境研究［J］. 西部人居环境学刊，2016，31（3）：45-49.

［125］白丽燕，梅洪元，李云伟. 基于扎根理论的蒙古族牧民住居需求解析［J］. 新建筑，2019（3）：124-127.

［126］段皓严，张沛，张中华. 基于扎根理论的游园使用满意度影响因素探究［J］. 中国园林，2020，36（10）：98-103.

［127］赵烨，许晓青. 基于扎根理论的世界遗产标准vii运用表征及演化趋势研究［J］. 中国园林，2020，36（10）：75-80.

［128］林玉莲，胡正凡. 环境心理学［M］. 北京：中国建筑工业出版社，2000：1-3.

［129］罗玲玲，任巧华. 环境心理学研究的国际进展与理论突破的方法论分析［J］. 建筑学报，2009（7）：13-16.

［130］Lewin K. Firld theory in social science [M]. New York: Harper & Borther, 1951: 239-240.

［131］Brunswik E. The conceptual framework of psychology [M]. Chicago: University of Chicago Press, 1952: 16-33.

［132］Gibson J J. The visual perception of objective motion and subjective movement [J]. Psychological Review, 1954, 61 (5): 304-314.

［133］凯文·林奇. 城市意象［M］. 方益萍等，译. 北京：华夏出版社，2017：35-63.

［134］扬·盖尔. 交往与空间［M］. 何可人，译. 北京：中国建筑工业出版社，2002：35-43.

［135］芦原义信. 外部空间设计［M］. 尹培桐，译. 南京：江苏凤凰文艺出版社，2017：52-62.

［136］Rapaport A. The meaning of the built environment [M]. Tucson: University of Arizona Press, 1982.

［137］Relph E. Place and placelessness [M]. London: Routledge Kegan & Paul, 1976: 29-42.

［138］Tuan Y F. Topophilia: A study of environmental perception, attitudes, and values [M]. New York: Columbia University Press, 1974: 92-112.

［139］肖竞. 文化景观视角下我国城乡历史聚落"景观－文化"构成关系解析：以西南地区历史聚落为例［J］. 建筑学报，2014（S2）：89-97.

［140］西安市地方志编纂委员会. 西安市志. 第一卷［M］. 西安：西安出版社，1996.

［141］刘瑞强. 西安新乡村建设的聚落特色挖掘及规划策略研究［D］. 西安：西安建筑科技大学，2010.

［142］贺雪峰. 论中国农村的区域差异：村庄社会结构的视角［J］. 开放时代，2012（10）：219-224.

［143］Phillips M. The restructuring of social imaginations in rural geography [J]. Journal of Rural Studies, 1988, 14 (2): 121-153.

［144］蒋永甫，周磊. 改革开放 40 年来农村社会治理结构的演进与发展［J］. 中州学刊，2018，262（10）：19-24.

［145］武廷海. 建立新型城乡关系　走新型城镇化道路：新马克思主义视野中的中国城镇化［J］. 城市规划，2013，37（11）：9-19.

［146］费孝通. 乡土中国［M］. 北京：北京大学出版社，1998：5-11.

［147］陈忠实. 白鹿原［M］. 北京：作家出版社，2017：265-285.

［148］谢鑫，李和平，马佳琪. 宗族聚落"社会－空间"构成关系与作用机制研究［C］// 中国城市规划学会. 中国城市规划年会论文集. 北京：中国建筑工业出版社，2019：1-14.

［149］项继权. 中国农村社区及共同体的转型与重建［J］. 华中师范大学学报（人文社会科学版），2009，48（3）：2-9.

［150］郑自俭，李丽. 近代以来中国乡村基层政权的三次转型［J］. 河北学刊，2007，27（4）：47-49.

［151］蒋宇阳，申明锐，张京祥. 乡村社会结构演变及其空间响应：以汕头东仙村为例［J］. 现代城市研究，2019（9）：34-41.

［152］赵一夫，王丽红. 新中国成立 70 年来我国乡村治理发展的路径与趋势［J］. 农业经济问题，2019（12）：21-30.

［153］唐燕，赵文宁，顾朝林. 我国乡村治理体系的形成及其对乡村规划的启示［J］. 现代城市研究，2015（4）：1-7.

［154］朱晓哲，刘瑞峰，马恒运. 中国农村土地制度的历史演变、动因及效果：一个文献综述视角［J］. 农业经济问题，2021（8）：90-103.

［155］肖唐镖. 近十年我国乡村治理的观察与反思［J］. 华中师范大学学报（人文社会科学版），2014，53（6）：1-11.

［156］张军飞，宋美娜，刘碧含，等. 传统智慧对现代乡村治理的启示：从《白鹿原》到白鹿原现代乡村治理［C］// 中国城市规划学会. 中国城市规划年会论文集. 北京：中国建筑工业出版社，2019：1-12.

［157］林永新. 乡村治理视角下半城镇化地区的农村工业化：基于珠三角、苏南、温州的比较研究［J］. 城市规划学刊，2015（3）：101-110.

［158］万涛. 权力的文化网络视角下的新乡贤返乡困境及对策：基于 H 省 G 村的调查和实验［J］. 城市规划，2016，40（11）：21-29.

［159］丁伟丰，顾宗倪，罗小龙，等. 乡村精英与社会关系资本的构建机制研究—以江苏省利珠村为例［J］. 现代城市研究，2021（4）：118-122.

［160］张园林，刘玉亭. 驻村工作队与乡村精英互助作用下的乡村治理研究［J］. 人文地理，2020，35（4）：23-31.

［161］彭伟，符正平. 基于扎根理论的海归创业行为过程研究：来自国家"千人计划"创业人才的考察［J］. 科学学研究，2015，33（12）：1851-1860.

［162］张伟豪，徐茂洲，苏荣海. 与结构方程模型共舞：曙光初现［M］. 厦门：厦门大学出版社，2020：4-5.

［163］张省，周燕，杨倩. 城市综合公园居民游憩满意度影响因素分析：以深圳市综合公园为例［J］. 风景园林，2021，28（3）：82-87.

［164］孙文书，于冰沁. 社区公园环境对漂族老人健康行为活动的影响研究［J］. 风景园林，2021，28（5）：86-91.

［165］蔡秋阳，高翅. 园林博览园游客满意度影响因素及机理分析：基于结构方程模型的实证研究［J］. 中国园林，2016，32（8）：58-64.

［166］杜春兰，林立揩. 基于产业融合的乡村景观变迁：以淘宝村为例［J］. 中国园林，2019，35（4）：75-79.

［167］席建超，王首琨，张瑞英. 旅游乡村聚落"生产－生活－生态"空间重构与优化：河北野三坡旅游区苟各庄村的案例实证［J］. 自然资源学报，2016，31（3）：425-435.

［168］王华，梁舒婷. 乡村旅游地空间生产与村民角色转型的过程与机制：以丹霞山瑶塘村为例［J］. 人文地理，2020，35（3）：131-139.

［169］谷玉良，江立华. 空间视角下农村社会关系变迁研究：以山东省枣庄市 L 村"村改居"为例［J］. 人文地理，2015，30（4）：45-51.

［170］林松，王韬. "小美再生"为目标的乡村聚落更新模式研究：以北京市水峪村为例［J］. 小城镇建设，2020（2）：88-93.

［171］王河，饶祖浩，胡嘉茵. 村落公共空间的活化研究：以同和村美丽乡村风貌活化设计实践为例［J］. 华中建筑，2021（6）：118-121.

［172］林箐，吴菲. 风景园林实践的社会原理［J］. 中国园林，2014，30（1）：34-41.

［173］赵海月，赫曦滢. 列斐伏尔"空间三元辩证法"的辨识与建构［J］. 吉林大学社会科学学报，2012，52（2）：22-27.

［174］孙九霞，周一. 日常生活视野中的旅游社区空间再生产研究：基于列斐伏尔与德塞图的理论视角［J］. 地理学报，2014，69（10）：1575-1589.

［175］范文艺. 空间视角的山水旅游小城镇审美解读：以漓江流域兴坪镇为例［J］. 北京

第二外国语学院学报，2010（9）：66-71.

［176］周大鸣. 外来工与"二元社区"：珠江三角洲的考察［J］. 中山大学学报（社会科学版），2000，40（2）：107-112.

［177］高慧智，张京祥，罗震东. 复兴还是异化？消费文化驱动下的大都市边缘乡村空间转型：对高淳国际慢城大山村的实证观察［J］. 国际城市规划，2014，29（1）：68-73.

［178］钱俊希. 后结构主义语境下的社会理论：米歇尔·福柯与亨利·列斐伏尔. 人文地理［J］，2013，28（2）：45-52.

［179］练玉春. 论米歇尔·德塞都的抵制理论：避让但不逃离［J］. 河北学刊，2004（2）：80-84.

［180］郭文. 神圣空间的地方性生产、居民认同分异与日常抵抗：中国西南哈尼族箐口案例［J］. 旅游学刊，2019，34（6）：96-108.

［181］高杨昕，殷洁. 迪士尼化消费空间的生产：以南京"太阳城"购物综合体为例［J］. 现代城市研究，2018（9）：27-34.

［182］钟炜菁，王德，张敏. 基于参与主体的拆迁农民集中安置社区的空间生产研究：以镇江新区平昌新城为例［J］. 现代城市研究，2016（11）：77-85.

［183］孙其昂，杜培培，张津瑞，等. "规训－反规训"空间的生产：NJ 市 H 社区公共空间违法侵占的实证研究［J］. 城市发展研究，2015，22（3）：39-43＋50.

［184］张敏，熊帼. 基于日常生活的消费空间生产：一个消费空间的文化研究框架［J］. 人文地理，2013，28（2）：38-44.

［185］斯科特. 弱者的武器［M］. 郑广怀等，译. 南京：江苏人民出版社，2007：2-3.

［186］杜培培. 从差序、离散到融入："村改居"社区的空间生产研究［J］. 城市规划，2019，43（6）：64-70.

［187］伊怀庭，陈宗兴. 陕西乡村聚落分布特征及其演变［J］. 人文地理，1995（4）：17-24.

［188］张大玉. 北京古村落空间解析及应用研究［D］. 天津：天津大学，2014.

［189］林莉. 浙江传统村落空间分布及类型特征分析［D］. 杭州：浙江大学，2015.

［190］钟山. 普通村落住居传承与演变初探［D］. 天津：天津大学，2017.

［191］徐健生. 基于关中传统民居特质的地域性建筑创作模式研究［D］. 西安：西安建筑科技大学，2013.

［192］张智惠，吴敏. "乡愁景观"载体元素体系研究［J］. 中国园林，2019，35（11）：97-101.

［193］傅伯杰. 景观生态学原理及应用［M］. 北京：科学出版社，2001：87-88.

［194］浦欣成. 传统乡村聚落二维平面整体形态的量化研究方法［D］. 浙江大学，2012.

［195］徐磊青，刘宁，孙澄宇. 广场尺度与空间品质：广场面积、高宽比与空间偏好和意象关系的虚拟研究［J］. 建筑学报，2013（9）：158-162.

［196］郑婷婷，徐磊青. 空间正义理论视角下城市公共空间公共性的重构［J］. 建筑学报，2020（5）：96-100.

［197］Pirie G. On spatial justice［J］. Environment and Planning, 1983（15）: 471.

［198］Soja E W. Seeking spatial justice［M］. Minneapolis: University of Minnesota Press, 2010: 67-110.

［199］戴维·哈维. 正义、自然和差异地理学［M］. 胡大平，译. 上海：上海人民出版社，2010：421-461.

［200］Dikec M. Justice and the spatial imagination［J］. Environment and Planning, 2001, 33:

1785-1805.

［201］Certoma C, Martellozzo F. Cultivating urban justice? A spatial exploration of urban gardening crossing spatial and environmental injustice conditions［J］. Applied Geography, 2019, 106: 60-70.

［202］代兰海，薛东前，宋永永，等. 西安新城市贫困空间固化及其治理研究：基于空间正义视角［J］. 人文地理，2019, 34（2）: 72-79, 96.

［203］叶超. 空间正义与新型城镇化研究的方法论［J］. 地理研究，2019, 38（1）: 146-154.

［204］钱玉英，钱振明. 走向空间正义：中国城镇化的价值取向及其实现机制［J］. 自然辩证法研究，2012, 28（2）: 61-64.

［205］曾天雄，曾鹰. 乡村文明重构的空间正义之维［J］. 广东社会科学，2014（6）: 85-92.

［206］曹现强，张福磊. 空间正义：形成、内涵及意义［J］. 城市发展研究，2011, 18（4）: 125-129.

［207］袁超. 论正义的空间性与空间的正义性［J］. 伦理学研究，2019（6）: 100-104.

［208］张香菊，钟林生. 基于空间正义理论的中国自然保护地空间布局研究［J］. 中国园林，2021, 37（2）: 71-75.

［209］刘佳燕，李宜静. 社区综合体规建管一体化优化策略研究：基于社区生活圈和整体治理视角［J］. 风景园林，2021, 28（4）: 15-20.

［210］韩贵锋，卢雨蓉. 城市公园的视觉可达性评估方法研究［J］. 风景园林，2021, 28（1）: 93-98.

［211］王云才. 传统地域文化景观之图式语言及其传承［J］. 中国园林，2009, 25（10）: 73-76.

［212］王云才，史欣. 传统地域文化景观空间特征及形成机理［J］. 同济大学学报（社会科学版），2010, 21（1）: 31-38.

［213］林箐，王向荣. 地域特征与景观形式［J］. 中国园林，2005（6）: 16-24.

［214］王云才，郭焕成，陈田. 江南水乡区域景观体系特征与整体保护机制［J］. 长江流域资源与环境，2006（6）: 708-712.

［215］宋惠昌. 当代意识形态研究［M］. 北京：中共中央党校出版社，1993: 19-27.

［216］王湘琳. 农民发展能力：农村发展的内源动力［J］. 广西大学学报（哲学社会科学版），2010, 32（5）: 61-65, 87.

［217］王国伟. 新形势下农民群体对社会主义核心价值观认同度的分析：基于全国2142份问卷的调查［J］. 思想政治教育研究，2017（4）: 133-137.

［218］孙中山全集：第9卷［M］. 北京：中华书局，2017: 90-192.

［219］王瑞琦，张云路，李雄. 新时代乡村绿化美化的美学途径与科学导则［J］. 中国园林，2020, 36（1）: 5-12.

［220］李景奇. 中国乡村复兴与乡村景观保护途径研究［J］. 中国园林，2005（2）: 16-19.

［221］曹恺宁，杨东. 新农村建设应体现地域特色：西安新农村建设的新探索［J］. 西北大学学报（自然科学版），2011, 41（2）: 314-318.

［222］蒋玉涵，亢光. 乡村意识形态认同的逻辑理路与路径规约［J］. 理论导刊，2016, 32（9）: 80-86.

［223］杨善华，苏红. 从"代理型政权经营者"到"谋利型政权经营者"：向市场经济转型背景下的乡镇政权［J］. 河南农业，2002（1）: 17-24.

［224］高巍，胡敏，靳晓娟. 基于角色参与的当前我国乡村建设模式分析［J］. 河南农业，

2019, 26（3）: 21-32.

［225］潜莎娅, 黄杉, 华晨. 基于多元主体参与的美丽乡村更新模式研究: 以浙江省乐清市下山头村为例［J］. 城市规划, 2016, 40（4）: 85-92.

［226］翁一峰, 鲁晓军. "村民环境自治" 导向的村庄整治规划实践: 以无锡市阳山镇朱村为例［J］. 城市规划, 2012, 36（10）: 63-67.

［227］中国文化书院学术委员会. 梁漱溟全集: 第1卷［M］. 济南: 山东人民出版社, 2005: 621-694.

［228］李露, 张大玉. 环城休闲农业景观（ATL-ReBAM）营建研究: 以成都为例［J］. 中国园林, 2020, 36（2）: 80-84.

［229］段德罡, 陈炼, 郭金枚. 乡村 "福利型" 产业逻辑内涵与发展路径探讨［J］. 城市规划, 2020, 44（9）: 28-34, 77.

［230］王丽洁, 聂蕊, 王舒扬. 基于地域性的乡村景观保护与发展策略研究［J］. 中国园林, 2016, 32（10）: 65-67.

［231］蒋楠. 乡村公共空间的融合营造: 以南京横山村民服务中心及乡野公园设计为例［J］. 新建筑, 2021（1）: 78-83.

［232］戴松青. "燕城古街" 乡村景观营造: 北京市雁栖镇范各庄城郊乡村景观规划设计［J］. 中国园林, 2016, 32（1）: 28-31.

［233］李建伟, 李贵芳, 李金刚. 农村公益性服务设施空间布局机理与优化研究［J］. 同济大学学报（社会科学版）, 2019（5）: 116-124.

［234］王一林. 关中地区民俗村街巷空间研究［D］. 西安: 西安建筑科技大学, 2019.

［235］董莹. 基于三秦文化感知的关中民俗村景观的重构与提升［D］. 西安: 西安建筑科技大学, 2019.

后 记

  本书是在我的博士论文基础上修订完成，这期间感谢我的博士生导师蔺宝钢教授，先生为人和蔼、处事谦虚、思维开阔。聆听先生的教导，总能感受其广博的知识和深入的思考。先生在繁忙的工作中，不厌其烦地给予耐心指导，在我书稿的写作过程中为我把握研究方向，梳理文章脉络，纠正各种细节错误。其认真的工作态度，令我永生难忘在此，感谢恩师！

  还要特别感谢岳邦瑞教授，岳老师严谨认真的学术态度深深打动我，感谢岳老师对我的研究从选题、过程研究到最后成稿提供的无私帮助和指导，感激之情一言难尽。同时，还要感谢刘晖教授、王军教授、杨豪中教授、张沛教授、李志民教授、段渊古教授等专家老师对本书的认真评阅和悉心指导。

  本书基于"社会－空间"一体视角对西安周边乡村公共空间优化进行了研究，在研究过程中尚存在一些不足，在一定程度上会影响本书结论的准确性，不足之处主要体现在以下两个方面：

  1. 样本乡村的局限性

  西安地区共有 2064 个行政村，包含了 7078 个自然村，数量较大，本书按照一定的规则选取了其中 40 个西安周边典型的集聚提升类自然村作为样本乡村，详细分析了样本乡村公共空间的"社会域"及"空间域"特征，并以此来归纳总结西安周边乡村公共空间存在的具体问题。由于部分乡村公共空间的要素组成、布局特征、景观环境及其背后所代表的社会文化意义都差异较大，使得整个分析问题的输入具有一定程度的片面性，进而使得分析得到的结论难免会存在管窥蠡测、以偏概全，但是本书采用的分析和解决问题的方法和手段，尚有可借鉴之处。

2. 田野调查的误差性

本书田野调查的对象是西安周边乡村，其误差性主要体现在两个方面。一是由于问卷调查的主体是村民，大部分村民对乡村公共空间优化问题并不敏感，并且认知的限制使其对问卷调查中一些专业术语理解会有一些偏差，使得问卷调查得来的数据信息及以其分析得来的结果都存在一定程度的误差；二是乡村的历史资料及相关数据的保存并不系统完整，很多关于乡村公共空间各个时间阶段的历史演变情况，主要的获取渠道是对话耆老、现场踏勘并加以推测，使得获取这些历史数据信息手段并不是很严谨，进而导致了以其分析得来的结果都存在一定程度的误差。

另外，受科研时间和能力水平的限制，本书研究的广度和深度也比较有限，在今后的工作中还有很多理论和实践问题需要进一步探讨：

1. 加强对西安周边乡村公共空间"空间域"与"社会域"某一具体方面的耦合研究

本书在基于"社会－空间"一体西安周边乡村公共空间优化研究过程中，"社会域"要素涉及"意识形态深层""社会规范中层"和"日常活动表层"三个层面，研究的"社会域"要素偏多，使得本书研究难度加大，也导致了本书研究内容显得有些许宽泛，不够聚焦。因此，可以在借鉴和更新本书研究逻辑框架的基础上，下一步可以深化对乡村公共空间"空间域"与"社会域"中的某一方面（如产业、文化、社会治理等）的耦合研究，使得研究内容更加聚焦，形成"产业－空间"一体、"文化－空间"一体、"社会治理－空间"一体等一系列研究成果，从而可以更好地指导乡村公共空间"空间域"具体的优化实践，更好地聚焦解决乡村公共空间关联的某一方面的"社会域"问题。

2. 建立和完善西安地区乡村公共空间的基础信息数据库

在现有研究的基础上，关于西安地区乡村公共空间优化的研究还将继续，未来关于乡村公共空间的研究分析将更为广泛、更为深入。在本书乡村公共空间"空间域"特征的研究过程中，只是统计了西安周边的 40 个样本乡村公共空间的部分数据，相对于全西安地区 7078 个自然村仅仅是很小一部分。因此，西安地区乡村公共空间"空间域"量化数据的全面性、精确度还有着很大的提升空间，亟需建立其"空间域"的基础信息数据库，从而可以更为理性和客观地把握乡村公共空间多元价值，得出更具说服力和权威性的观点和结论，更好地为西安地区乡村公共空间的优化工作提供支持和帮助。

毋庸讳言，乡村公共空间优化的理论与实践，无论在广度或是深度方面都还有很多问题，等待着广大关联乡村的有识之士去开垦、去发掘、去探讨。相信在不远的将来，在这片沃土上，会绽放更多、更美的花朵。

感谢陕西省自然科学基金青年项目（2023-JC-QN-0575）以及陕西省社会科学基金项目（2022J027）对本书的资助。